普通高等院校"十四五"计算机基础系列教材

计算机文化基础实训教程

主　编◎郭丽清　辜萍萍　张思民
副主编◎黄荣跃　黄炜钦　薛春艳　黄凤英　杜小甫

中国铁道出版社有限公司
CHINA RAILWAY PUBLISHING HOUSE CO., LTD.

内 容 简 介

本书是《计算机文化基础》（曾党泉、黄炜钦、郭一晶主编，中国铁道出版社有限公司出版，以下简称主教材）的配套实训教材。本书的编写目的是方便教师指导学生实验和学生自学。

本书包括主教材中需要上机操作的内容，主要内容有 Windows 10 操作系统、办公自动化软件 Office 2016（Word 2016、Excel 2016、PowerPoint 2016）、网络应用基础、信息安全、多媒体技术等。实训项目采用案例方式，结合实际操作配有明确的实训目的、实训内容和实训指导。全书共设计了 22 个实训项目，训练学生实际操作能力。其中操作系统 5 个实训项目、Office 应用 8 个实训项目、网络应用 4 个实训项目、信息安全 2 个实训项目、多媒体技术应用 3 个实训项目。

本书适用于高等院校各专业的计算机基础教学，也可供相关专业人员自学使用。

图书在版编目（CIP）数据

计算机文化基础实训教程/郭丽清，辜萍萍，张思民主编. —北京：中国铁道出版社有限公司，2022.8（2024.7重印）
普通高等院校"十四五"计算机基础系列教材
ISBN 978-7-113-29384-0

Ⅰ. ①计… Ⅱ. ①郭…②辜…③张… Ⅲ. ①电子计算机-高等学校-教材 Ⅳ. ①TP3

中国版本图书馆 CIP 数据核字（2022）第 114877 号

书　　名：	计算机文化基础实训教程
作　　者：	郭丽清　辜萍萍　张思民
策　　划：	贾　星　　　　　　　　　　　编辑部电话：（010）63549501
责任编辑：	贾　星　包　宁
封面设计：	刘　颖
责任校对：	孙　玫
责任印制：	樊启鹏
出版发行：	中国铁道出版社有限公司（100054，北京市西城区右安门西街8号）
网　　址：	https://www.tdpress.com/51eds/
印　　刷：	三河市兴达印务有限公司
版　　次：	2022年8月第1版　2024年7月第5次印刷
开　　本：	787 mm×1 092 mm　1/16　印张：10　字数：219 千
书　　号：	ISBN 978-7-113-29384-0
定　　价：	35.00 元

版权所有　侵权必究

凡购买铁道版图书，如有印制质量问题，请与本社教材图书营销部联系调换。电话：（010）63550836
打击盗版举报电话：（010）63549461

前　言

习近平总书记在党的二十大报告中指出，要"统筹职业教育、高等教育、继续教育协同创新，推进职普融通、产教融合、科教融汇"，站上新起点，如何创新人才培养模式，特别是如何深化产教融合培养创新型产业人才，为中国式现代化提供强有力的人才支撑，是时代赋予我们的新命题。实践训练是创新应用型人才培养的重要途径。

计算机文化基础课程具有自身的特点，它有着极强的实践性。而学习计算机很重要的一点就是实践，通过实际演练，加深对计算机基础知识、基本操作的理解和掌握，因此，上机实践是学习计算机基础课程的重要环节。为此，我们编写了本书。它不仅是《计算机文化基础》（曾党泉、黄炜钦、郭一晶主编，中国铁道出版社有限公司出版）一书的配套教材，同时也可以与其他计算机基础教材配合使用。

本书共 7 章 22 个实训项目，每个实训项目结合实际操作配有明确的实训目的、实训内容和实训步骤。学生通过第 1 章 5 个实训项目的练习，能够掌握 Windows 10 操作系统的使用及文件、文件夹的操作；通过第 2 章 3 个实训项目的练习，能够掌握 Word 2016 电子文档的处理；通过第 3 章 2 个实训项目的练习，能够掌握 Excel 2016 电子表格的应用；通过第 4 章 3 个实训项目的练习，能够掌握 PowerPoint 2016 演示文稿的制作；通过第 5 章 4 个实训项目的练习，能够学会计算机网络基础应用；通过第 6 章 2 个实训项目的练习，能够掌握计算机信息安全的基础防范；通过第 7 章 3 个实训项目的练习，能够掌握图片的编辑、视频的编辑、文件的压缩和解压缩等多媒体技术。

本书内容全面、丰富，将知识点灵活地融入到每个实训项目中，实训步骤图文并茂，通俗易懂，课后练习能够使学生触类旁通，提高学生学习的广度和深度，培养其自学能力和创新能力。

本书的编者均是多年从事一线教学的教师，具有较为丰富的实践教学经验。在编写时注重强调实践环节，注重培养学生的实际动手能力。实训指导翔实，操作步骤完整，内容丰富，还为有余力的同学设计了课后练习。

本书由郭丽清、辜萍萍、张思民任主编，由黄荣跃、黄炜钦、薛春艳、黄凤英、杜小甫任副主编，具体编写分工如下：第 1 章由张思民、黄凤英编写，第 2 章由辜萍萍、杜小甫编写，第 3 章由郭丽清编写，第 4 章由黄炜钦编写，第 5 章由黄荣跃编写，第 6 章由辜萍萍编写，第 7 章由薛春艳编写。全书由郭丽清统稿和定稿。

由于编者水平有限，加之时间仓促，书中难免会存在疏漏和不足之处，恳请广大读者批评指正。

编　者

2023 年 7 月

目　　录

第 1 章　Windows 10 操作系统管理 1

实训项目一　　Windows 10 操作系统的安装 1
实训项目二　　Windows 10 的基本操作 7
实训项目三　　程序管理 17
实训项目四　　文件管理 25
实训项目五　　磁盘管理 35
练习 42

第 2 章　Word 2016 文字处理 43

实训项目一　　"乡村振兴的数字化解法"文档的基本操作与排版 43
实训项目二　　制作"2020 年国家财政科学技术支出情况"表格 50
实训项目三　　毕业论文排版 53
练习一 61
练习二 62

第 3 章　Excel 2016 电子表格处理 64

实训项目一　　制作"世界 GDP 排名前十国家"统计表 64
实训项目二　　制作"××公司工资明细"统计表 70
练习一 78
练习二 79
练习三 79

第 4 章　PowerPoint 2016 演示文稿制作 80

实训项目一　　制作"四个自信"演示文稿 80
实训项目二　　制作"毕业论文答辩"演示文稿 95
实训项目三　　制作"个人简介"演示文稿 102
练习一 108
练习二 108

第 5 章　计算机网络与 Internet 技术基础 110

实训项目一　IP 地址配置与网络共享 110
实训项目二　常用网络命令的应用 117
实训项目三　电子邮件的申请与使用 120
实训项目四　网盘的申请与使用 127
练习一 132
练习二 132

第 6 章　计算机信息安全 133

实训项目一　Windows 防火墙设置 133
实训项目二　360 安全卫士使用 134

第 7 章　多媒体技术 137

实训项目一　"画图"工具的使用 137
实训项目二　视频编辑器的使用方法 145
实训项目三　文件的压缩和解压缩 151

参考文献 154

第 1 章 Windows 10 操作系统管理

本章为 Windows 10 实训部分内容，共 5 个实训项目，分别如下：
实训项目一　Windows 10 操作系统的安装
实训项目二　Windows 10 的基本操作
实训项目三　程序管理
实训项目四　文件管理
实训项目五　磁盘管理

通过以上上机练习项目，使学生能熟练掌握 Windows 10 操作系统的安装以及常用的基本操作，包括基本设置、程序管理、文件管理和磁盘管理等。

实训项目一　Windows 10 操作系统的安装

【实训目的】

掌握 Windows 10 操作系统的安装方法。

【实训内容】

学习如何安装 Windows 10 操作系统。

【实训步骤】

将 Windows 10 安装光盘插入光驱中，如果计算机开启了自动播放功能，会弹出图 1-1 所示的对话框。

单击"下一步"按钮，如图 1-2 所示。

图 1-1　"Windows 安装程序"对话框

图 1-2　Windows 安装界面

单击"现在安装"按钮，安装程序启动，出现图 1-3 所示的窗口。

图 1-3　安装程序启动界面

启动完成后自动跳转到"许可条款"对话框，如图 1-4 所示。

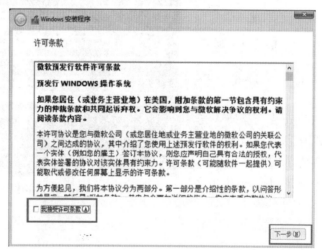

图 1-4　"许可条款"对话框

勾选"我接受许可条款"复选框,单击"下一步"按钮,出现选择安装类型的对话框。若是升级安装,选择"升级:安装 Windows 并保留文件、设置和应用程序"选项。若是全新安装,则选择"自定义:仅安装 Windows(高级)"选项。这里选择"自定义:仅安装 Windows(高级)"选项,如图 1-5 所示。

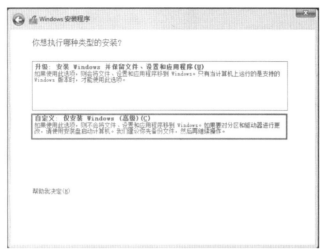

图 1-5　选择安装类型的对话框

在弹出的对话框中,选择"驱动器 0 分区 2"选项,单击"格式化"按钮。如果原 C 盘中安装有系统文件,必须先格式化 C 盘,清空 C 盘中的原有文件,弹出图 1-6 所示的对话框。

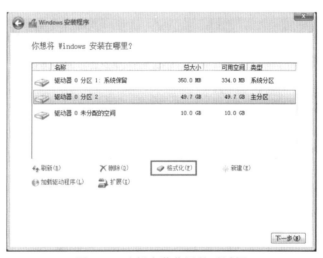

图 1-6　选择安装位置的对话框

在图 1-6 中可以查看到本机的磁盘信息,安装 Windows 10 系统的分区必须有足够的空间(至少需要 10 680 MB),而且磁盘格式必须为 NTFS 格式,一般建议安装 Windows 10 的磁盘至少分配 20 GB 的空间容量(提醒:因系统部分文件运行时,需要占用系统盘空间,所以平时须注意系统盘的剩余空间)。仅安装 Windows 10 系统时只需选择安装位置为 C 盘,如果 C 盘已经存在一个系统时,安装程序会提示将原有的系统移至 C 盘"windows.old"文件夹下。安装完成后即可在 C 盘找到此文件夹，如果该文件下无重要资料，可在安装完成后删除此目录，若有重要资料，将其复制出来再删除即可。单击"下一步"按钮继续，弹出图 1-7 所示的安装过程窗口。

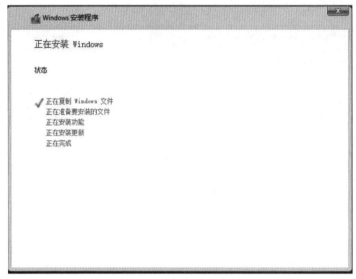

图 1-7　安装过程窗口

此安装过程需要的时间比较长，安装过程中会自动重启计算机。等待直至出现图 1-8 所示的界面，进入系统安装的后期设置阶段。输入 Windows 产品密钥后单击"下一步"按钮。

图 1-8　产品密钥设置

在弹出的界面中，对 Windows 10 进行个性化设置，可以直接单击右下角的"使用快速设置"按钮使用默认设置；也可以单击屏幕左下角的"自定义设置"来逐项安排，如图 1-9 所示。

第 1 章　Windows 10 操作系统管理

图 1-9　个性化设置界面

单击"自定义设置"按钮，进入图 1-10 所示的界面。

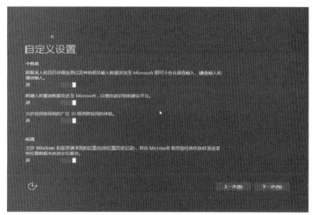

图 1-10　"自定义设置"界面

单击"下一步"按钮，选择当前设备的归属，如果是个人用户，选择"我拥有它"；企业和组织用户可选择"我的组织"。单击"下一步"按钮，如图 1-11 所示。

图 1-11　选择设备的归属者

单击"下一步"按钮,输入微软账户信息后登录 Windows 10,如图 1-12 所示。

图 1-12 微软账号登录

如果没有微软账户,可以单击屏幕中间的"没有账户?创建一个!"超链接,或者可以单击"跳过此步骤"超链接使用本地账户登录,这里必须创建一个用户,可根据个人喜好设置用户名。单击"下一步"按钮,如图 1-13 所示,进行账户设置。

图 1-13 创建本地账号

单击"下一步"按钮继续,等待 Windows 10 进行应用设置,使用微软账户登录的用户需要等待更长时间,如图 1-14 所示。

接着就出现了期待已久的 Windows 10 桌面,如图 1-15 所示。

图 1-14　应用设置过程

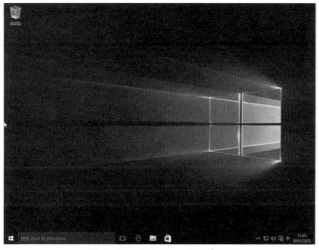

图 1-15　Windows 10 桌面

注意：Windows 10 自带了诸多硬件设备的驱动，但是也有很多设备需要使用专用驱动才能正常运行。至此，已完成 Windows 10 操作系统的安装。

实训项目二　Windows 10 的基本操作

【实训目的】

熟练掌握 Windows 10 系统的基本操作。

【实训内容】

（1）学习 Windows 10 桌面的基本设置。
（2）管理 Windows 10 系统用户账户。
（3）Windows 10 帮助系统的使用。

【知识准备】

1. Windows 10 桌面

Windows 10 桌面主要包括桌面背景、桌面快捷图标和任务栏，如图 1-16 所示。

图 1-16　Windows 10 桌面

2．"开始"菜单

单击"开始"按钮，出现图 1-17 所示的界面。其中菜单最左侧为常用按钮，包括电源、设置、用户等；中间为应用列表，根据字母排序；右侧是"开始"屏幕，显示"磁标"。

图 1-17　"开始"菜单

3．Windows 设置

Windows 10 的设置面板如图 1-18 所示，可通过两种方法打开。

方法 1：单击"开始"菜单左侧的"设置"按钮。

方法 2：单击"开始"菜单应用列表中的"设置"按钮。

Windows 设置包含 Windows 10 系统各种相关设置功能模块，可进行个性化显示属性、键盘和鼠标、日期和时间、字体、用户管理等系统设置。

第1章 Windows 10 操作系统管理

图 1-18　Windows 10 设置面板

【实训步骤】

1. Windows 10 桌面基本设置

（1）桌面快捷方式。新安装的 Windows 10 系统桌面中仅有"回收站"快捷方式，如何显示"此电脑"和"控制面板"等快捷方式，可以通过以下步骤实现。在桌面空白处右击，弹出图 1-19 所示的快捷菜单，选择"个性化"命令。

打开个性化设置窗口，单击"主题"按钮，如图 1-20 所示，单击"桌面图标设置"超链接。

图 1-19　选择"个性化"命令　　　　图 1-20　"个性化"设置窗口

弹出图 1-21 所示的"桌面图标设置"对话框。

9

Windows 10 默认勾选"回收站"复选框,可以根据需要勾选桌面图标,这里勾选"计算机"和"控制面板"复选框,并单击"确定"按钮,则在桌面上显示"此电脑"和"控制面板"快捷图标。如果需要删除"此电脑"和"控制面板"快捷图标,在"桌面图标设置"对话框中取消勾选对应的复选框即可。

(2)更改 Windows 10 桌面主题及背景。个性化设置界面,不仅可以通过桌面右键快捷菜单,也可以通过"设置"窗口中的"个性化"选项中的"主题"进行设置,如图 1-22 所示。

图 1-21 "桌面图标设置"对话框　　　　图 1-22 桌面右键快捷菜单

单击"个性化"按钮,打开"个性化"设置窗口,如图 1-23 所示,可以根据个人喜好选择桌面主题。

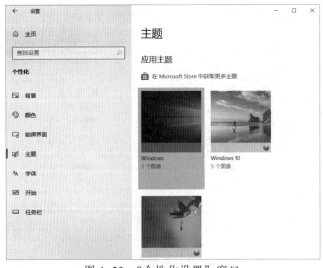

图 1-23 "个性化设置"窗口

使用 Windows 10 自带的"鲜花"主题进行示例,单击"鲜花主题",桌面将更改对应的主题。个性化设置中还可单独设置对应的主题元素,如仅设置桌面背景,单击"背景"按钮,出现图 1-24 所示的"背景"设置窗口。

图 1-24 "背景"设置窗口

可单击"浏览"按钮选择相应的背景图片,如图 1-25 所示的窗口,选择后确认并保存修改即可。

Windows 10 中个性化设置功能远不止以上部分,还可以设置桌面背景的位置、窗口的颜色以及声音等模块。

(3) Windows 10 分辨率设置。在桌面空白处右击,在弹出的快捷菜单中选择"显示设置"命令(见图 1-26),打开显示设置窗口,也可以通过在"设置"窗口中单击"系统"按钮打开该窗口。

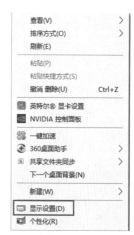

图 1-25 选择图片　　　　　　图 1-26 选择"显示设置"命令

"显示"设置窗口如图 1-27 所示。

"分辨率"下拉列表如图 1-28 所示。默认情况下,Windows 10 会使用推荐的分辨率,如果当前分辨率与实际显示器的分辨率不匹配时,显示器显示效果会受到影响,有可能会出现图片或文字模糊的情况。

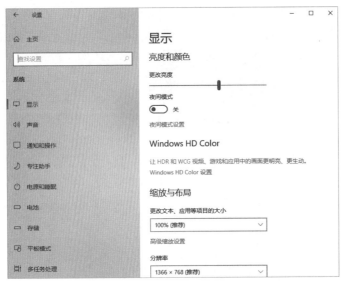

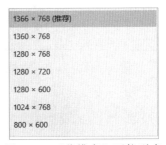

图 1-27 "显示"设置窗口　　　　　　　图 1-28 "分辨率"下拉列表

拖动滑块选择不同的分辨率,单击"确定"按钮,系统会询问是否保留分辨率设置,单击"确认"按钮即可。

(4)Windows 10 的日期和时间设置。在"Windows 设置"窗口中单击"时间和语言"超链接,再单击"日期和时间"按钮,打开图 1-29 所示的窗口。

也可通过右击任务栏,在弹出的快捷菜单中选择"调整日期/时间"命令,如图 1-30 所示。

图 1-29 "日期和时间"设置窗口　　　　图 1-30 选择"调整日期/时间"命令

打开"日期和时间"设置窗口,如图 1-31 所示,关闭"自动设置时区",单击"更改"按钮。

图 1-31 "日期和时间"设置窗口

弹出"更改日期和时间"界面,如图 1-32 所示。

图 1-32 "更改日期和时间"界面

可以通过下拉列表选择年、月、日以及时间。调整结束后单击"更改"按钮完成。

2. Windows 10 用户管理

Windows 10 中提供两种类型的账户:Microsoft 账户和本地账户。本地账户又分为两类:管理员账户和标准用户,分别具有不同的计算机控制级别。系统安装时已经创建一个管理员本地用户,下面学习如何创建和管理用户。在"Windows 设置"窗口中单击"账户"超链接,如图 1-33 所示。

图 1-33　单击"账户"超链接

打开"账户信息"设置窗口，如图 1-34 所示，可进行账户的添加和设置更改。

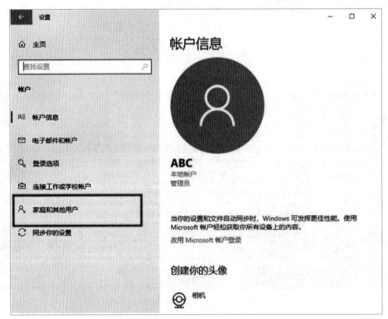

图 1-34　"账户信息"设置窗口

以创建一个新用户为例，单击"家庭和其他用户"超链接，打开图 1-35 所示的窗口。

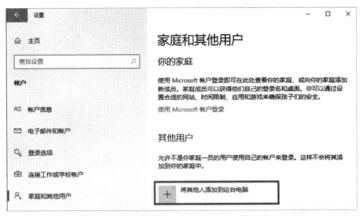

图 1-35 "家庭和其他用户"设置窗口

新添加的用户需要输入 Microsoft 账户,如图 1-36 所示,如果没有,选择"我没有这个人的登录信息",单击"下一步"按钮,选择"添加一个没有 Microsoft 账户的用户",则可以创建一个本地账户,单击"下一步"按钮。

图 1-36 创建本地用户

出现"为这台电脑创建一个账户"设置窗口,如图 1-37 所示,这里创建一个名为"test"的用户,并输入密码和安全问题,单击"下一步"按钮则成功创建一个新账户。

图 1-37 "为这台电脑创建一个账户"设置窗口

当希望修改账户密码时，可以在"登录选项"设置窗口中设置，如图 1-38 所示。

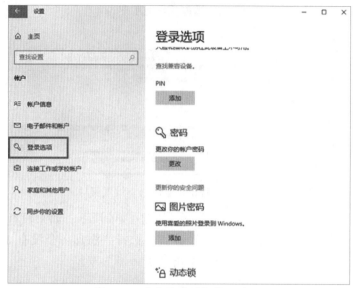

图 1-38　"登录选项"设置窗口

单击"开始"菜单最左侧的"账户图标"按钮，系统会要求选择登录账户，如图 1-39 所示，选择不同的账户图标，输入相应的密码后即可进入相应的用户桌面。

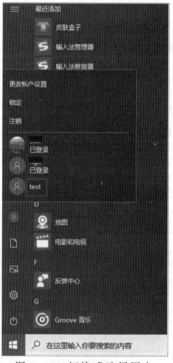

图 1-39　切换或选择用户

实训项目三 程序管理

【实训目的】

掌握 Windows 10 程序管理，包括程序的运行与退出、快捷方式的创建以及常见程序的安装。

【实训内容】

学习如何安装管理 Windows 10 程序。

【实训步骤】

1. Windows 10 程序的运行与退出

Windows 10 安装的程序一般都可在"开始"菜单的应用列表中找到运行命令。以打开"记事本"程序为例，如图 1-40 所示，单击"开始"菜单，将鼠标指针移至应用列表，找到"Windows 附件"并单击以展开列表，选择"记事本"程序即可。也可通过搜索框搜索关键字"记事本"打开该程序。

打开的程序界面如图 1-41 所示。

图 1-40 运行"记事本"程序

图 1-41 "记事本"窗口

在"记事本"程序中可以输入文字并保存。退出"记事本"程序时，可通过单击右上角的"×"关闭，也可以选择"文件"→"退出"命令，如图 1-42 所示。

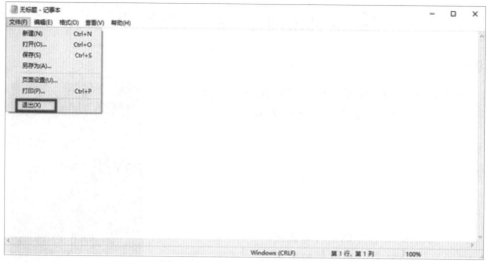

图 1-42 退出"记事本"程序

2. 程序的安装与卸载

Windows 10 系统自带的程序往往无法满足日常工作需求，第三方厂商提供的软件一般需要安装才能使用。软件的安装很简单，下载并运行安装程序即可（一般为 setup.exe 或软件名称.exe），然后根据安装向导一步步进行即可。注意事项：如果下载到的是压缩文件，一般先解压缩，再执行安装程序。

（1）WinRAR 的安装与卸载。先在 WinRAR 中文网站 http://www.winrar.com.cn 下载 WinRAR 安装程序，如图 1-43 所示。

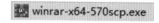

图 1-43 WinRAR 安装程序

双击安装程序出现是否允许对计算机进行更改的提示，如图 1-44 所示。

单击"是"按钮，出现图 1-45 所示的 WinRAR 安装向导界面，程序默认安装路径为 C:\Program Files\WinRAR，可以根据需要更改安装路径。

图 1-44 安装程序权限控制

图 1-45 WinRAR 安装向导界面

此处使用默认路径，单击"安装"按钮，开始安装。安装完成后，弹出 WinRAR

设置界面，如图 1-46 所示。

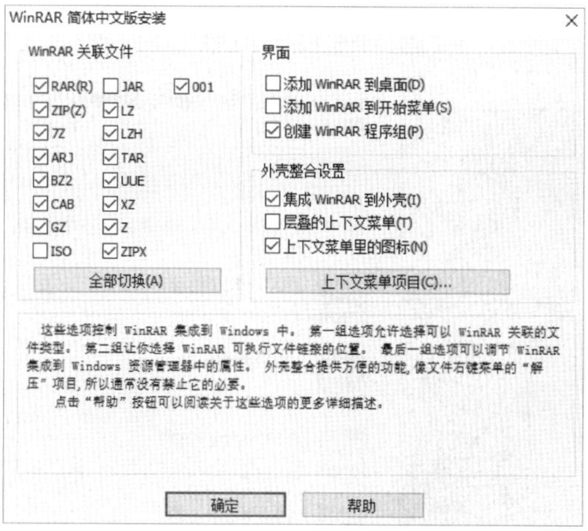

图 1-46　WinRAR 设置界面

在设置界面中可以根据需求进行关联文件、界面等设置，设置完成后单击"确定"按钮即完成 WinRAR 安装。

可通过"Windows 设置"窗口中的"应用"模块卸载 WinRAR，如图 1-47 所示。

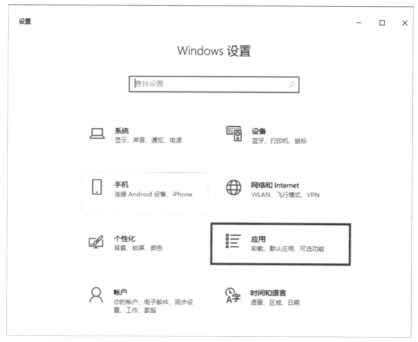

图 1-47　卸载程序

单击"应用"超链接，出现图 1-48 所示的"应用和功能"设置界面。

图 1-48 "应用和功能"设置窗口

通过右侧滑动块找到并单击 WinRAR 5.70 程序，单击"卸载"按钮即出现图 1-49 所示的卸载向导。

图 1-49 卸载 WinRAR

单击"卸载"按钮，即可完成 WinRAR 卸载。

（2）搜狗拼音输入法的安装与卸载，在网站 http://pinyin.sogou.com/ 下载搜狗输入法安装程序 sogou_pinyin_93f.exe，如图 1-50 所示。

双击安装文件并请允许计算机更改,出现搜狗输入法的安装向导界面,如图 1-51 所示。

图 1-50　搜狗输入法安装程序　　　　图 1-51　搜狗输入法安装向导

此处使用默认的安装设置,单击"立即安装"按钮,安装向导会根据设置安装,出现图 1-52 所示的安装进度界面。

图 1-52　搜狗输入法安装进度界面

当安装进度达到 100% 时,出现图 1-53 所示安装成功界面。

图 1-53　搜狗输入法安装成功界面

可以根据需要选择是否需要安装捆绑软件等选项,此处将这些选项取消勾选,单击"完成"按钮即完成搜狗输入法的安装。

搜狗输入法的卸载可通过"开始"菜单卸载,如图 1-54 所示。

图 1-54 "开始"菜单

也可以在"应用和功能"设置窗口中选择搜狗输入法进行卸载,如图 1-55 所示。

图 1-55 卸载搜狗输入法

通过以上两种方法中的任一种，均可打开搜狗拼音输入法卸载向导，选择"卸载输入法"并单击"下一步"按钮，根据向导操作即可卸载搜狗输入法。

3．创建程序快捷方式

以"记事本"为例介绍应用程序创建快捷方式的方法。

（1）通过搜索框找到要创建快捷方式的程序或文件，右击程序文件，在弹出的快捷菜单中选择"发送到"→"桌面快捷方式"命令即可，如图1-56所示。

图1-56　通过右键快捷菜单创建快捷方式

（2）在"开始"菜单的"应用列表"中找到要创建快捷方式的程序，将鼠标指针移动到程序上面，然后按住鼠标左键不放，同时按住【Ctrl】键不放，将程序拖到桌面并放开鼠标左键和【Ctrl】键，即可创建快捷方式，如图1-57所示。

4．利用任务管理器强制关闭程序

任务管理器提供有关计算性能的信息，并显示了计算机上所运行的程序和进程的详细信息，可以查看到当前系统的进程数、CPU使用率、内存占用及容量等信息。按【Ctrl+Alt+Delete】组合键，或者右击任务栏底部空白处，如图1-58所示，在弹出的快捷菜单中选择"启动任务管理器"命令。

出现图1-59所示的"任务管理器"窗口，在"应用"区域单击待关闭的应用程序后再单击"结束任务"按钮，即可强制结束程序，关闭的程序内容无法保存，一般在当程序无法正常退出时才采用此方法关闭未响应的程序。

图 1-57　从"开始"菜单创建桌面快捷方式

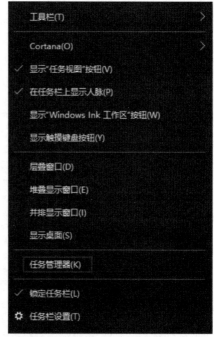

图 1-58　选择"任务管理器"命令

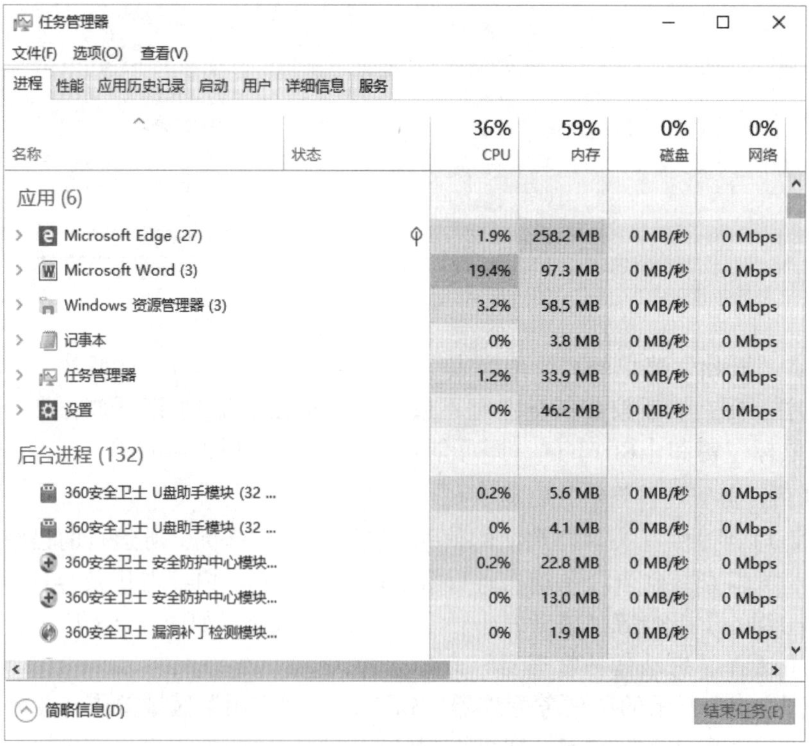

图 1-59　"任务管理器"窗口

实训项目四　文件管理

【实训目的】

熟练掌握 Windows 10 的资源管理器、文件与文件夹的管理方法。

【知识准备】

1. 认识文件

文件是计算机数据的组织形式，不管是程序、文档、声音、视频、图像最终都是以文件的形式存储在计算机的存储介质（如硬盘、光盘、U盘等）中。Windows 中的任何文件都是用图标和文件名来标识的，文件名一般由主文件名和扩展名组成，中间由"."分隔，文件类型（或文件格式）一般是根据文件扩展名来区分的，决定使用什么程序打开文件，如图 1-60 所示。

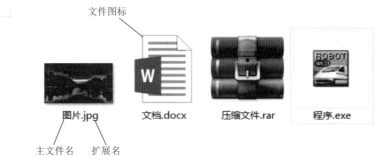

图 1-60　文件

2. 认识文件夹

为了便于使用和管理各种文件，对文件进行分类并存放在不同的文件夹中，如图 1-61 所示。

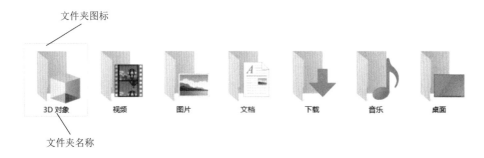

图 1-61　文件夹

3. 认识资源管理器

资源管理器用来管理计算机中所有的文件及文件夹等资源，可以右击桌面上的"此电脑"图标打开资源管理器，如图 1-62 所示。

图 1-62 选择"打开"命令

资源管理器窗口如图 1-63 所示。

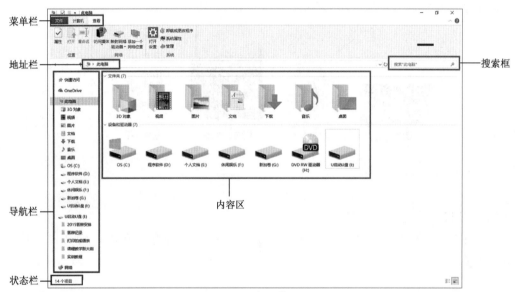

图 1-63 资源管理器

（1）导航栏。采用层次结构对计算机中的资源进行导航，顶部为"快速访问""OneDrive""此电脑""网络"等项目，其下又分为多个子项目（如磁盘和文件夹等）。可以通过项目前的箭头符号展开或收缩。

（2）内容区。显示具体的资源内容。

（3）地址栏。显示当前文件夹的路径，也可通过输入路径的方式打开文件夹，还可通过单击文件名或导航栏中的三角按钮来切换到相应的文件夹中。

（4）搜索框。在其中输入关键字，可查找当前文件夹中存储的文件或文件夹。

（5）菜单栏。根据选择资源显示不同内容，用于快速完成功能操作。

（6）状态栏。显示当前文件夹或所选文件、文件夹的数量等有关信息。

第1章 Windows 10 操作系统管理

【实训内容】

熟练掌握文件、文件夹与资源管理器的操作。

【实训步骤】

1. 新建文件或文件夹

一般情况下，用户利用文档编辑程序、图像处理程序等应用程序创建文件。此外可以直接在 Windows 10 中创建某种类型的空白文件或创建文件夹来管理文件。在要创建文件或文件夹的窗口单击"新建文件夹"按钮或右击空白处，在弹出的快捷菜单中选择"新建"→"文件夹"命令，如图 1-64 和图 1-65 所示，然后输入文件夹名称。

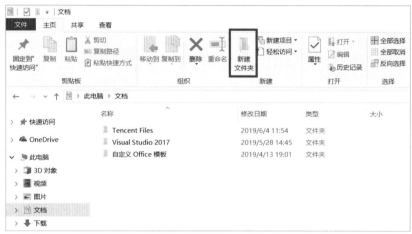

图 1-64　单击"新建文件夹"按钮

图 1-65　选择"新建"→"文件夹"命令

以新建一个空白文本文档为例，如图 1-66 所示，创建后可修改文件名。

打开文件或文件夹主要有两种方法：①双击需打开的文件或文件夹；②右击需打开的文件或文件，在弹出的快捷菜单中选择"打开"命令。

进入文件夹要返回上一级目录可单击地址栏中上级目录，例如当前目录为"D:\新建文件夹"，单击地址栏"本地磁盘(D:)"即可返回到上一级目录中，单击"此电脑"则返回到顶层目录，如图 1-67 所示。

图 1-66　新建空白文本文档

最小化窗口时可单击标题栏"最小化"按钮，最大化窗口时可单击"最大化"按钮，如图 1-68 所示。

关闭文件或文件夹可单击标题栏中的"关闭"按钮或按【Alt+F4】组合键。

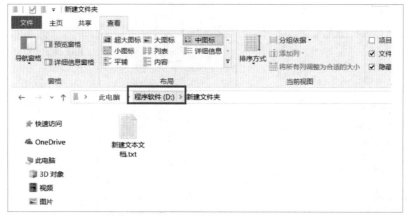

图 1-67　返回上级目录

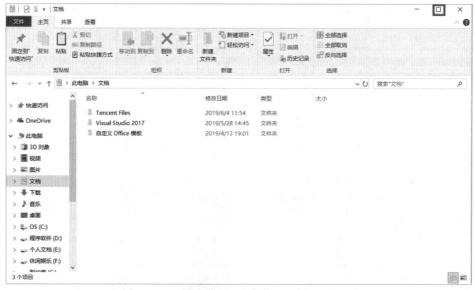

图 1-68　"最小化""最大化""关闭"按钮

2. 重命名文件或文件夹

Windows 10 系统中可以对文件或文件夹重新命名。先选中要重命名的文件或文件夹，然后单击"主页"选项卡"组织"选项组中的"重命名"按钮，或者右击文件或文件夹，在弹出的快捷菜单中选择"重命名"命令。文件或文件夹的名称处于可编辑状态，输入新的文件名。以修改"新建文件夹"为"我的文件"为例，如图 1-69 所示。

图 1-69　重命名文件或文件夹

3．更改文件或文件夹的方式

可通过"查看"选项卡更改文件或文件夹的查看方式，如图 1-70 所示。

图 1-70　查看文件或文件夹的方式

详细信息浏览方式如图 1-71 所示。

图 1-71　详细信息浏览方式

4．选择文件或文件夹

（1）要选择单个文件或文件夹，可直接单击该文件或文件夹。

（2）要选择当前窗口中的所有文件或文件夹，可单击"主页"选项卡"选择"选项组中的"全部选择"按钮或按【Ctrl+A】组合键。

（3）要同时选择多个文件或文件夹，可在按住【Ctrl】键的同时，依次单击要选中的文件或文件夹。选择完毕释放【Ctrl】键即可。

（4）单击选中第一个文件或文件夹后，按住【Shift】键的同时单击其他文件或文件夹，文件或文件夹之间的全部文件或文件夹均被选中。

（5）按住鼠标左键不放，拖出一个矩形选框，这时在选框内的所有文件或文件夹都会被选中，如图1-72所示。

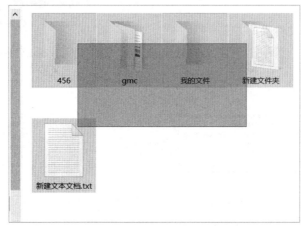

图1-72 选择文件或文件夹

5．移动文件或文件夹

以"测试文件夹"和"测试.txt"文件移动到"新建文件夹"为例。选中文件或文件夹，然后按【Ctrl+X】组合键，或者单击"主页"选项卡"剪贴板"选项组中的"剪切"按钮，如图1-73所示，还可以选择右键快捷菜单中的"剪切"命令。

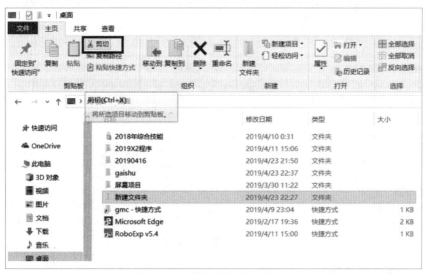

图1-73 剪切文件或文件夹

选择放置位置后按【Ctrl+V】组合键，单击"主页"选项卡"剪贴板"选项组中的"粘贴"按钮，还可以选择右键快捷菜单中的"粘贴"命令，如图1-74所示，即可完成文件或文件夹的移动。

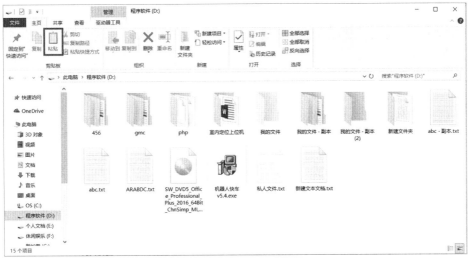

图 1-74　粘贴文件或文件夹

移动文件或文件夹还可以采用鼠标拖动的方法，选中待移动的文件或文件夹，按下鼠标左键不放移动到目标文件夹（也可在不同文件下移动），再释放鼠标左键即可完成文件或文件夹的移动，如图 1-75 所示。采用鼠标拖动的方法在不同硬盘分区下移动文件或文件夹时需要按住【Shift】键。

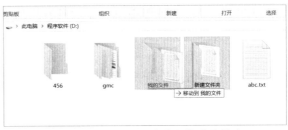

图 1-75　使用鼠标移动文件或文件夹

6．复制文件或文件夹

以"测试文件夹"和"测试.txt"文件复制到"新建文件夹"为例。选中文件或文件夹，然后按【Ctrl+V】组合键，或者单击"主页"选项卡"剪贴板"选项组中的"复制"按钮，还可以选择右键快捷菜单中的"复制"命令，如图 1-76 所示。

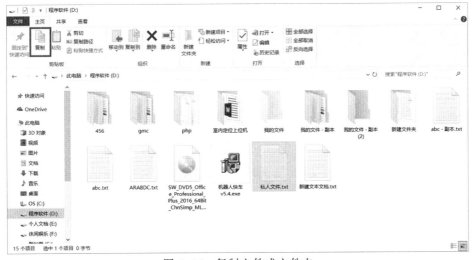

图 1-76　复制文件或文件夹

选择放置位置后按【Ctrl+V】组合键，或者单击"主页"选项卡"剪贴板"选项组中的"粘贴"按钮，还可以选择右键快捷菜单中的"粘贴"命令，即可将文件或文件夹复制到目标位置。

复制文件或文件夹同样可以采用鼠标拖动的方法，选中等移动的文件或文件夹，按住【Ctrl】键的同时按住鼠标左键不放移动到目标文件夹，再释放鼠标左键和【Ctrl】键即可完成文件或文件夹的复制。

注意：在移动或复制文件或文件夹时，如果目标位置有相同类型并且文件名相同的文件或文件夹，系统会弹出一个提示对话框，用户可根据需要选择覆盖同名文件或文件夹、不移动文件或文件夹，或是保留两个文件或文件夹，如图1-77所示。

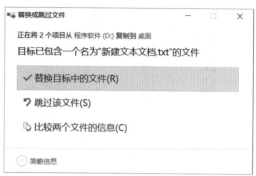

图1-77 合并文件或文件夹的提示对话框

7. 删除和恢复文件或文件夹

在使用计算机的过程中及时删除没有用的文件或文件夹，可节省磁盘空间。选中需要删除的文件或文件夹，按【Delete】键，或者单击"主页"选项卡"组织"选项组中的"删除"按钮，还可选择右键快捷菜单中的"删除"命令。在弹出的提示对话框中单击"是"按钮（若弹出对话框提示无法删除，可单击"跳过"按钮，不删除该文件），该文件或文件夹将会放置到"回收站"中。如果删除的同时按住【Shift】键，该文件或文件夹将不经过回收站而是直接从硬盘中永久删除，如图1-78所示。

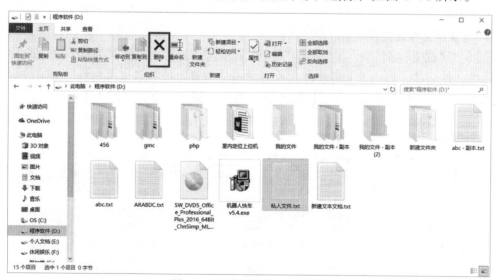

图1-78 删除文件或文件夹

"回收站"用于临时保存从磁盘中删除的文件或文件夹，当用户对文件或文件夹进行删除操作后，默认情况下，它们并没有从计算机中直接删除，而是保存在"回收站"中，对于误删除的文件，可以随时将其从"回收站"中恢复。对于确认没有用的文件或文件夹，再从"回收站"中删除。选中文件或文件夹后单击"回收站工具"选项卡"还原"选项组中的"还原选定的项目"按钮，可将文件或文件夹还原至删除之前的位置，如图 1-79 所示。如果不选中任何文件或文件夹，然后单击"还原所有项目"按钮，可将"回收站"中的所有文件和文件夹恢复到删除前的位置；若选中的是多个文件或文件夹，则可单击"还原选定项目"按钮恢复所选项目。

图 1-79　还原文件或文件夹

如果要永久删除"回收站"中的内容，单击"回收站工具"选项卡"管理"选项组中的"清空回收站"按钮，或者右击桌面"回收站"图标，在弹出的快捷菜单中选择"清空回收站"命令，如图 1-80 所示，然后在弹出的提示对话框中单击"是"按钮，即可清空回收站。

图 1-80　选择"清空回收站"命令

8．搜索文件或文件夹

随着计算机中文件和文件夹的不断增加，用户经常会遇到找不到某些文件的情况，这时可以利用资源管理器窗口中的搜索功能查找计算机中的文件或文件夹。

打开资源管理器窗口，此时可在窗口的右上角看到"搜索'此电脑'"文本框，如图 1-81 所示。

图 1-81　资源管理器窗口

在其中输入要查找的文件或文件夹名称（如果不知道文件或文件夹的完整名称，可只输入部分文件名），表示在所有磁盘中搜索名称中包含所输入文字的文件或文件夹，此时系统自动开始搜索，等待一段时间即可显示搜索的结果，如图 1-82 所示。对于搜索到的文件或文件夹，用户可对其进行复制、移动、查看和打开等操作。

图 1-82　搜索文件或文件夹

如果用户知道要查找的文件或文件夹的大致存放位置，可在资源管理器中首先打开该磁盘或文件夹窗口，然后输入关键字进行搜索，以缩小搜索范围，提高搜索效率。

9．隐藏文件或文件夹

Windows 10 为文件或文件夹提供了两种属性：只读（用户只能对文件或文件的内容进行查看而不能修改）和隐藏（在默认设置下，设置为隐藏的文件或文件夹将不可见，从而在一定程度上保护了文件资源）。

选中要设置隐藏的文件或文件夹，以"新建文件夹"为例，然后在右键快捷菜单中选择"属性"命令，在弹出的对话框中勾选"隐藏"复选框，确定后在弹出的对话框中保持默认选项，单击"确定"按钮，即可隐藏该文件或文件夹，如图 1-83 所示。隐藏的文件或文件夹图标会变成透明状，窗口刷新后即不可见。

文件或文件夹被隐藏后，如果想再次访问它们，可以在 Windows 10 中开启查看隐藏文件功能。打开"文件资源管理器"窗口，双击"此电脑"图标，单击"查看"选项卡"显示/隐藏"选项组中的"隐藏所选项目"按钮，可显示隐藏文件或文件夹，如图 1-84 所示。

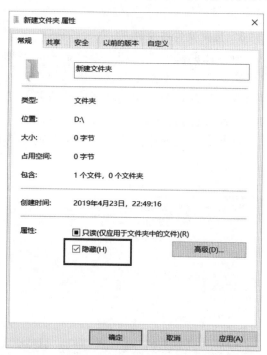

图 1-83　隐藏文件或文件夹

图 1-84　显示隐藏文件或文件夹

10．显示/隐藏文件的扩展名

例如，记事本的扩展名是 txt，Word 文档的扩展名是 doc 或者 docx，视频文件的扩展名是 avi 等，在 Windows 10 中，用户可方便地设置是否显示"文件扩展名"。

如图 1-85 所示，当前 C 盘根目录下有个文件是"123.txt"，勾选"查看"选项卡"显示/隐藏"选项组中的"文件扩展名"复选框，代表目前是显示所有文件的扩展名，取消勾选"文件扩展名"复选框，扩展名被隐藏，文件名马上更新为"123"，但图标不会改变。

图 1-85　显示/隐藏文件的扩展名

实训项目五　磁　盘　管　理

【实训目的】

掌握 Windows 10 磁盘管理，包括磁盘分区、格式化、磁盘碎片整理及磁盘清理。

【实训内容】

学习如何进行磁盘分区、格式化、磁盘碎片整理及磁盘清理。

【实训步骤】

1．磁盘分区

新购买计算机的硬盘一般只有 1 个或 2 个分区，可以利用 Windows 10 系统自带的磁盘管理工具完成分区。右击桌面上的"此电脑"图标,在弹出的快捷菜单中选择"管理"命令,如图 1-86 所示。

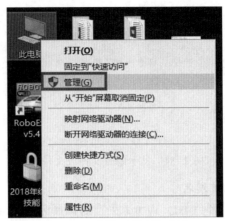

图 1-86 选择"管理"命令

在"计算机管理"窗口(见图 1-87)中单击"存储"→"磁盘管理"选项,则出现计算机的硬盘信息。对未分配的硬盘空间进行磁盘分区,只需右击未分配磁盘,在弹出的快捷菜单中选择"新建简单卷"命令。

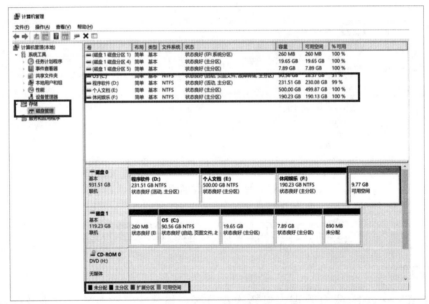

图 1-87 "计算机管理"窗口

根据"新建简单卷"向导一步步操作,设置分区的大小,如图 1-88 所示,可以根据需求指定(单位为 MB,最小为 8 MB,最大为当前未分配空间的大小),此处指定分区 10 000 MB。

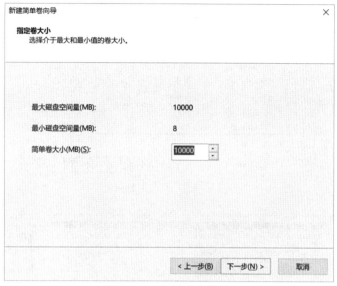

图 1-88　分区大小设定

单击"下一步"按钮,分配驱动器号(分配原则为当前已分配驱动器号的后一个字母),此处为 G 盘,如图 1-89 所示。

图 1-89　分配驱动器号

单击"下一步"按钮,出现格式化分区界面,可设置分区的文件系统、分配单元大小以及卷标名称,如图 1-90 所示。此处采用系统默认设置。

单击"下一步"按钮,出现分区信息统计确认界面,单击"完成"按钮,之后将会建立新的分区 G,如图 1-91 所示。

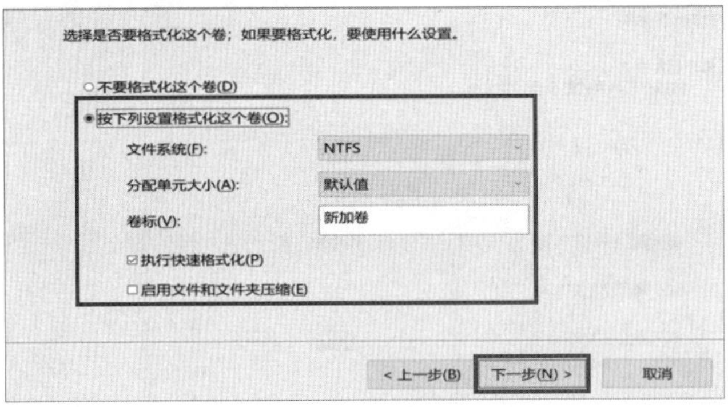

图 1-90　格式化分区

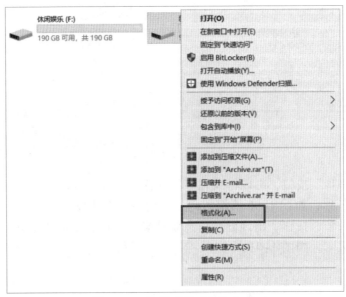

图 1-91　完成新分区的建立

如果之前指定分区大小时没有全部占用未分配空间，因此新分区建立后还有剩余的未分配空间，可以再一次在未分配空间中建立新的分区。如果之前指定大小为最大容量即整个未分配空间的大小，分区之后将没有剩余空间，无法创建更多的分区。用户可以根据需求对硬盘空间进行合理分配。

2．磁盘格式化

新的磁盘需要格式化后才能正常使用，有时为了清空数据或消灭病毒等目的也会对磁盘进行格式化操作。在资源管理器中右击待格式化硬盘分区或 U 盘，在弹出的快捷菜单中选择"格式化"命令，如图 1-92 所示。确保待格式化的分区重要内容已备份，格式化将清除该分区上所有内容。

图 1-92　选择"格式化"命令

第 1 章 Windows 10 操作系统管理

出现格式化设置界面，可以根据需求修改分区的文件系统、分配单元大小以及卷标等设置，一般硬盘分区文件系统默认为 NTFS 格式，U 盘文件系统默认为 FAT32 格式，如图 1-93 所示。此处保留默认设置进行格式化。

图 1-93　格式化设置

单击"开始"按钮会出现警告提示，提示用户磁盘数据将会被删除，单击"确定"按钮开始格式化，如图 1-94 所示。此时会显示正在格式化磁盘，最后出现格式完成的提示，至此硬盘分区或 U 盘能够正常使用。

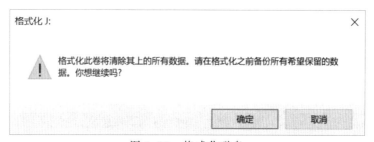

图 1-94　格式化磁盘

3．磁盘碎片整理

打开"此电脑"窗口，右击"J 盘"，在弹出的快捷菜单中选择"属性"命令，在属性对话框中选择"工具"选项卡，单击"优化"按钮，如图 1-95 所示。

图 1-95　属性对话框

选择要整理的磁盘,以整理 J 盘碎片为例,在"状态"区域选中 J 盘,单击"优化"按钮,如图 1-96 所示。

图 1-96　磁盘碎片整理程序界面

系统首先分析磁盘，接着开始整理磁盘（在整理磁盘碎片期间最好不要运行其他程序）。磁盘整理会花很长时间，整理完后，可继续整理其他磁盘，最后单击"关闭"按钮。

4. 磁盘清理

为提高计算机硬盘空间的利用率，可以通过清理磁盘空间清除无用的文件。打开"此电脑"窗口，右击选中的磁盘分区，在弹出的快捷菜单中选择"属性"命令，在属性对话框中，选择"常规"选项卡，单击"磁盘清理"按钮，如图1-97所示。

图 1-97 磁盘属性对话框

单击"确定"按钮，系统将会扫描分区中无用的文件信息，如图1-98所示。

图 1-98 磁盘清理扫描

扫描完毕后，会弹出对话框，显示哪些文件是多余、可删除的，可以根据需要自行选择待删除的类型，此处采用默认设置，如图1-99所示。

单击"确定"按钮，会提示是否删除选择类型的文件，如图1-100所示，单击"删除文件"按钮，系统自动清理不需要的文件（这个过程需要几分钟或者更长时间，取决于待清理文件的数量和大小）。

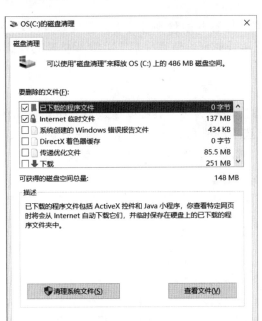

图 1-99　选择待清理的文件类型

图 1-100　"磁盘清理"对话框

清理完毕后，可发现分区已用空间减少，清理出一些可用空间。

练　　习

1. 在 D 盘新建文件夹"2022Test1"，在此文件夹下新建 Word 文档"mytest1.docx""mytest1.docx""mytest3.docx"，并新建名称为"MYTEST"的文件夹。将"2022Test1"文件夹中的"mytest1.docx"和"mytest3.docx"文件移动到"MYTEST"文件夹中。在"2022Test1"文件夹中查找"mytest3.docx"文件并删除。

2. 在 D 盘新建文件夹"2022Test2"，在此文件夹下新建名称为 USER 和 TEST 的两个文件夹。在"此电脑"窗口中查找所有以"ta"开头的文件，然后将其复制到"TEST"文件夹中。将"USER"重命名为"NEWUSER"后，移动到"TEST"文件夹中。

3. 在 D 盘新建文件夹"2022Test3"，在此文件夹下分别新建"测试"文件夹、Word 文档"测试文件.docx"和文本文档"测试文件.txt"。在桌面上建立"测试文件.docx"的快捷方式，名称修改为"test.docx"，将"测试文件.txt"文件属性设置为隐藏。

第 2 章
Word 2016 文字处理

本章为 Word 2016 实训部分内容，共 3 个实训项目，分别如下：
实训项目一 "乡村振兴的数字化解法"文档的基本操作与排版
实训项目二 制作"2020 年国家财政科学技术支出情况"表格
实训项目三 毕业论文排版

通过以上上机练习项目，使学生能熟练掌握 Word 2016 的基本创建和使用方法，能够灵活运用 Word 编排文档，包括文字编辑、排版，表格与图形图片的编辑和操作。"乡村振兴的数字化解法"实训项目意义在于培养学生具备高尚情操和创造能力，引导学生建立扶贫扶智的奋斗目标，树立先进思想，从而成为全面发展的有用人才，毕业后能够投身到小康社会的决胜实践中，为建设新农村作出积极贡献。"2020 年国家财政科学技术支出表格"实训项目便于学生了解国家科技兴国、创新强国的战略部署，感悟中国科技力量，激励学生刻苦学习完善自我，努力成为科技人才报效祖国。"毕业论文排版"实训项目是训练学生能够清晰、准确、规范地对自己大学四年所收获的专业知识进行完整表达，这也是本科人才培养以及为国家输送合格毕业生的基本要求。

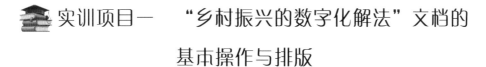

实训项目一 "乡村振兴的数字化解法"文档的基本操作与排版

【实训目的】

（1）能熟练进行文件的建立、保存、打开以及基本的编辑操作。
（2）能熟练进行文本的查找与替换操作。
（3）掌握文本的剪切、复制和粘贴操作。
（4）能进行文档的文字和段落格式的设置操作。
（5）掌握图片、文本框的插入和编辑操作。

【实训内容】

创建一个"乡村振兴的数字化解法.docx"文档，并输入图 2-1 所示的文本。要求对文档进行格式编辑，得到图 2-2 所示的最终效果，实训素材所在位置为"\项目素材\word”，实训所需图片“插图.bmp”也保存在同一位置。

人民会客厅
乡村振兴的数字化解法：短视频平台搭起“桥梁”
王绍绍
2022 年 01 月 28 日 16:01 来源：人民网
农业农村经济社会发展中逐步应用网络化、信息化和数字化技术，数字乡村也在不断发展进步。当下，各类短视频平台也在慢慢融入到人们的生活里。短视频平台到底是如何助力乡村振兴的？在“互联网+”农产品出村进城过程中，如何系统性帮助更多困难人口？
近日，中国人民大学劳动人事学院副院长、共同富裕研究院研究员赵忠，快手科技副总裁岳富涛以及快手用户“江苏小苹果”做客人民网，就短视频平台助力乡村振兴等话题展开讨论。
以下是访谈实录：
记者：当前，新冠肺炎疫情对城镇和农村的就业带来了哪些影响？该如何做好“稳就业”工作？
赵忠：因为疫情的冲击，我们国家的经济面临放缓的压力，现在基本上恢复到疫情之前的状况，但还不太稳定。对特定的一些行业，例如旅游、餐饮、交通运输都会产生比较大的影响；

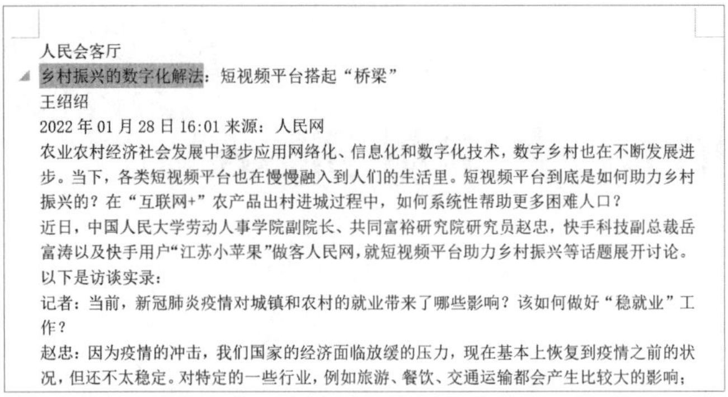

图 2-1　输入文本

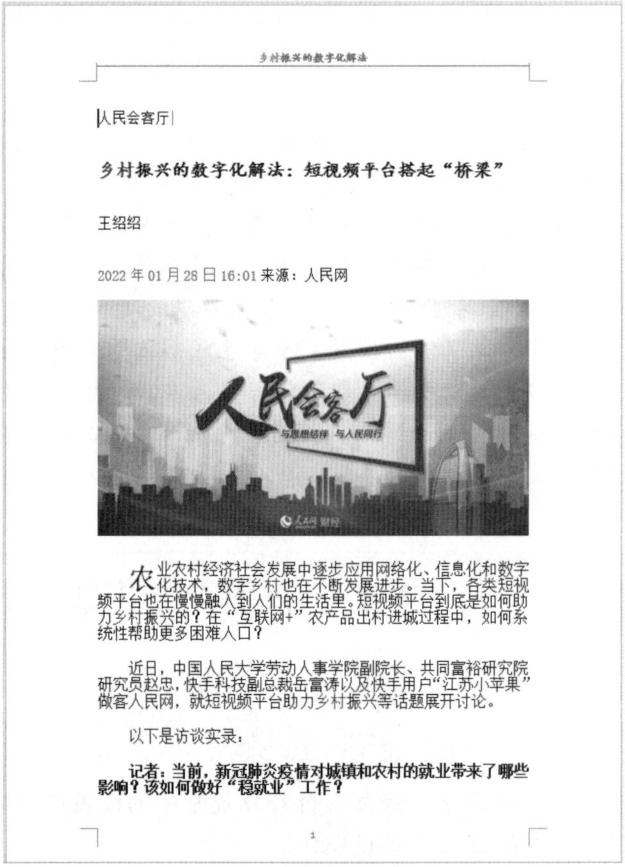

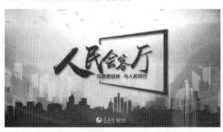

图 2-2　项目一最终效果

【实训步骤】

（1）创建一个空白文档，并输入图 2-1 所示的文本。具体操作是：选择“开始”→“程序”→“Microsoft Office”→“Word 2016”命令，启动 Word 2016 应用程序，自动创建一个空白文档；切换输入法后在 Word 文本编辑区输入题目所要求的文本，另起一段时按【Enter】键。

（2）在文档中插入符号。基本操作：单击"插入"选项卡"符号"选项组"符号"下拉列表中的"其他符号"按钮，弹出"符号"对话框，如图2-3所示。

图2-3 "符号"对话框

选择字体为"普通文本"，子集为"基本拉丁语"类型，在文档首行"人民会客厅"后插入"竖线"符号。

（3）将文本内容中的"乡村"替换成红色的字体。基本操作：单击"开始"选项卡"编辑"选项组中的"替换"按钮，弹出"查找和替换"对话框，如图2-4所示，进行设置即可。

图2-4 "查找和替换"对话框

在"查找内容"文本框中输入"乡村"文字,在"替换为"文本框中输入"乡村"。

选中"替换为"文本框中输入的"乡村"文本,单击"格式"下拉列表中的"字体"按钮,弹出"替换字体"对话框,将字体颜色设置为红色,如图2-5所示。

图 2-5 "替换字体"对话框

设置好字体格式后,在图2-4所示的"替换为"文本框下方会出现"乡村"的字体格式。单击"全部替换"按钮完成操作。

(4)页边距:上、下、左、右均为 2.5 cm;页眉、页脚距页边距均为 1.5 cm;纸张大小为 A4。操作步骤:单击"布局"选项卡"页面设置"选项组"页边距"下拉列表中的"自定义边距"按钮,弹出"页面设置"对话框,如图2-6所示。

在"页面设置"对话框的"纸张"选项卡和"版式"选项卡中设置纸张大小和页眉、页脚距页边距的值为 1.5 cm。

(5)设置标题,操作步骤:选中标题文本,在"字体"工具栏中设置字形、字号、字体颜色,如图2-7所示,字形选择"宋体(中文)标题",字号选择"14号",颜色选择默认。

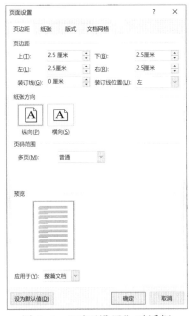

图 2-6 "页面设置"对话框

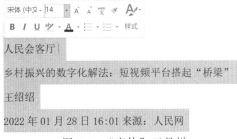

图 2-7 "字体"工具栏

选中标题第二行文本,在"字体"工具栏中,字形选择"楷体",字号选择"18号",颜色选择默认,字体加粗。

选中标题第三行文本中的时间,在"字体"工具栏中,将字体的颜色设置为"灰色"。

(6)正文设置。首行缩进 2 字符,单倍行距、两端对齐;宋体(正文)、15 号字。具体操作:选中正文内容,单击"开始"选项卡"段落"选项组中的对话框启动器按钮,弹出"段落"对话框,设置特殊格式、行距、对齐方式,如图 2-8 所示。

选中正文内容,单击"开始"选项卡"字体"选项组中的对话框启动器按钮,弹出"字体"对话框,设置字形、字号。其中,记者提问段落的字体要加粗,如图 2-9 所示。

图 2-8 "段落"对话框

图 2-9 "字体"对话框

（7）页眉页脚。插入页眉为"乡村振兴的数字化解法"，页脚为页码，字体均为楷体、9号、居中。操作步骤：单击"插入"选项卡"页眉和页脚"选项组中的"页眉"或"页脚"按钮，在页眉处输入"乡村振兴的数字化解法"文本内容，并选中文本内容，在"开始"选项卡的"字体"选项组中设置字形、字号，在"段落"选项组中设置对齐方式为"居中"。

将光标定位在"页脚"位置，在"页眉和页脚工具"/"设计"选项卡的"页眉和页脚"选项组中插入页码，居中放置，如图 2-10 所示。设置完成后关闭页眉和页脚视图。

图 2-10 "页眉和页脚工具"/"设计"选项卡

（8）首字下沉。将首段开头的"农"字设为下沉行数为 2。具体操作如下：将光标定位在正文第一段的任意位置，单击"插入"选项卡"文本"选项组"首字下沉"下拉列表中的"首字下沉选项"按钮，弹出"首字下沉"对话框，选择"下沉"选项，并将"下沉行数"设置为2，单击"确定"按钮，如图 2-11 所示。

图 2-11 "首字下沉"对话框

（9）插入图片。首先，将输入光标定位于文章第一段任意位置；然后单击"插入"选项卡"插图"选项组中的"图片"按钮，弹出"插入图片"对话框，选择图片文件的存放位置"\项目素材\word"，找到要插入的图片"插图.bmp"文件；单击"插入"按钮即可。

按前述方式将图片添加到文档中以后，图片默认以原始大小嵌入式形式插入到文档中，根据需要做进一步调整。首先，选中图片，选中后的图片四周出现 6 个黑色小方块，这 6 个小方块称为句柄，用于改变图形大小；然后右击图片，在弹出的快捷菜单中选择"大小和位置"命令，弹出"布局"对话框，该对话框有 3 个选项卡。图 2-12 所示为"文字环绕"选项卡（该选项卡用于设置图片和文字的位置关系），环绕方式设置为"嵌入型"，并在"段落"选项组中将图片设置为"居中"；单击"确定"按钮。

拖动位于四个角上的句柄，可等比例调整图形的高度和宽度；拖动位于中间的句柄，分别改变图形的高度和宽度。

图 2-12 设置图片版式

（10）插入文本框。在文档的最后插入"乡村振兴，稳步推进"文本框。将光标置于文档末尾，单击"插入"选项卡"文本"选项组"文本框"下拉列表中的"简单文本框"按钮，此时鼠标的形状会变成十字形。拖动鼠标绘制出合适大小的区域，在该区域中输入文字："乡村振兴，稳步推进"。

设置文本框格式：右击文本框，在弹出的快捷菜单中选择"设置形状格式"命令，弹出"设置形状格式"任务窗格，选择"形状选项"选项卡，将文本框填充颜色设置为"浅蓝色"，透明度为50%，边框线条为1磅黑色圆点虚线线条，如图2-13所示。版式为"四周型"，"居中"对齐。

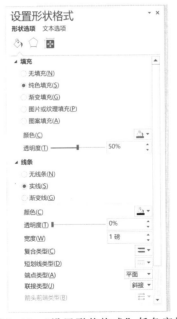

图 2-13 "设置形状格式"任务窗格

选中文本框中的文字，设置字体为"楷体"，字号设为"22号"，行字体颜色设为"红色"，间距加宽为2磅，设置方式和设置文档中文本格式相同。

（11）保存文档。将此文档以文件名"乡村振兴的数字化解法.docx"保存。选择"文件"→"保存"命令，弹出"另存为"对话框，进行保存即可。

实训项目二　制作"2020年国家财政科学技术支出情况"表格

【实训目的】

（1）熟练掌握表格的建立及编辑方法。
（2）掌握表格的格式化方法。
（3）掌握项目符号和编号的添加方法。

【实训内容】

完成表格的制作及流程图的制作，制作的效果分别如图2-14所示。

一、财政科学技术支出情况
2020年，国家财政科学技术支出10095.0亿元，比上年减少622.4亿元，下降5.8%。其中：
◇ 科学技术支出9018.3亿元，比上年下降4.8%，占比89.3%；
◇ 其他功能支出中用于科学技术的支出1076.7亿元，比上年下降13.6%，占比10.7%；
➢ 中央财政科学技术支出3758.2亿元，下降9.9%，占财政科学技术支出的比重为37.2%；
➢ 地方财政科学技术支出6336.8亿元，下降3.2%，占比为62.8%。

表1. 2020年国家财政科学技术支出情况

	财政科学技术支出（亿元）	比上年增长（%）	占财政科学技术支出的比重（%）
合计	10095.0	-5.8	—
其中：科学技术支出	9018.3	-4.8	89.3
其他功能支出中用于科学技术的支出	1076.7	-13.6	10.7
其中：中央	3758.2	-9.9	37.2
地方	6336.8	-3.2	62.8

注：本表中财政科学技术支出的统计范围为公共财政支出安排的科技项目。

图2-14　表格效果

【实训步骤】

（1）新建文档。进入"项目素材\Word"文件夹，在空白处右击，在弹出的快捷菜单中选择"新建"→"Microsoft Word文档"命令，新建文件的文件名呈深色反选状态，输入新的文件名"2020年国家财政科学技术支出情况.docx"。

在空白文档中，输入表格的相关文本，并按照图2-15所示，设置不同的项目符号和插入表格的标题，进行初步排版。文本字体为"宋体（正文）"，字号为"10.5"。其中，表格标题的字体为"楷体"，字号为"12"。

> 一、财政科学技术支出情况
> 　　2020年，国家财政科学技术支出10095.0亿元，比上年减少622.4亿元，下降5.8%。
> 其中：
> ◆ 科学技术支出9018.3亿元，比上年下降4.8%，占比89.3%；
> ◆ 其他功能支出中用于科学技术的支出1076.7亿元，比上年下降13.6%，占比10.7%；
> ➢ 中央财政科学技术支出3758.2亿元，下降9.9%，占财政科学技术支出的比重为37.2%；
> ➢ 地方财政科学技术支出6336.8亿元，下降3.2%，占比为62.8%。
> 表1. 2020年财政科学技术支出情况

图2-15　表格文本效果

（2）绘制表格。插入基础样式的表格。单击"插入"选项卡"表格"选项组中的"插入表格"按钮，弹出图2-16所示的"插入表格"对话框。输入列数为4，行数为6，选择"固定列宽"单选按钮，值为"自动"设置。单击"确定"按钮，在文档中插入一个4列6行的表格。

图2-16　"插入表格"对话框

根据需要合并、拆分单元格或删除单元格。选中表格第一行所有单元格，单击"表格工具"/"布局"选项卡"合并"选项组中的"合并单元格"按钮，实现单元格的合并，如图2-17所示。合并第二行和最后一行所有单元格的操作同以上步骤。

图2-17　单击"合并单元格"按钮

> 拆分单元格：
> 先选中单元格，单击"表格工具"/"布局"选项卡"合并"选项组中的"拆分单元格"按钮，弹出"拆分单元格"对话框，输入要将单元格拆分的列数和行数。
> 删除表格、单元格、行和列：
> 先选定要删除的行、列或单元格，或整个表格，单击"表格工具"/"布局"选项卡"行和列"选项组中的"删除"按钮，根据需要在下拉列表中单击"删除行""删除列""删除单元格"或"删除表格"按钮。

在表格中输入文字。先把光标插入点定位在要输入文字的单元格内，然后用在

Word 文档中输入文字的方法在表格中输入文字。输入的内容见图 2-14。

设置表格中文字的对齐方式。选中表格第一行中的内容,单击"表格工具"/"布局"选项卡"对齐方式"选项组中的"居中"按钮,将首行文字居中对齐;使用同样的方式设置其他单元格中文字的对齐方式为第一列为靠左,其余列为靠右,如图 2-18 所示。

图 2-18　设置文字对齐方式

根据需要调整单元格大小。可以将鼠标指针放在表格的边线上,变成十字箭头时,拖动鼠标调整单元格大小。这种方法适合尺寸要求不严格时。如果对表格尺寸有严格要求,选中要调整的行或列并右击,在弹出的快捷菜单中选择"表格属性"命令,在弹出的对话框中对行高或列宽值进行设置即可。

为表格设置边框和底纹。选中整个表格并右击,在弹出的快捷菜单中选择"表格属性"命令,在弹出的对话框中单击"边框和底纹"按钮,弹出"边框和底纹"对话框,切换至"边框"选项卡,如图 2-19 所示,选择"自定义"边框;选择黑色,宽度为 1.5 磅的实线作为外框线线型,单击"方框"按钮,为表格设置外框线;选择黑色,宽 1 磅的实线作为内框线线型,单击图 2-20 中"1"处的按钮,为表格设置内框线。最后单击"确定"按钮。最后,按照图 2-14 所示,将部分内框设置为无。

图 2-19　为表格设置外框线

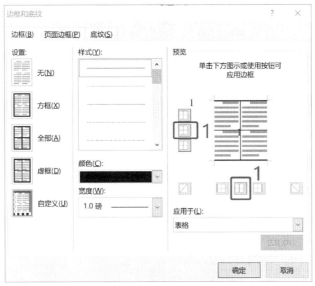

图 2-20　为表格设置内框线

实训项目三　毕业论文排版

【实训目的】

（1）掌握在文档中插入分页符、分节符以及页码等。
（2）掌握在文档中编辑标题样式、目录和公式。
（3）能够熟练掌握页眉、页脚以及尾注的插入和编辑。

【实训内容】

段落格式的设定、样式的使用、标题的设置、导航的使用、插入分页符和分节符、页码的设置、页眉的设置、自动目录的生成、文档特殊符号的显示以及尾注的插入等。

【实训步骤】

（1）新建文档。进入"项目素材\Word"文件夹，在空白处右击，在弹出的快捷菜单中选择"新建"→"Microsoft Word 文档"命令，新建文件的文件名呈深色反选状态，输入新的文件名"毕业论文排版.docx"。双击打开文档，并将"毕业论文排版（前）"文档中的文字复制到此文档。

（2）对论文进行格式化。该步骤对论文格式化是指字符格式化、段落格式化和页面格式化，前面的项目已经讲述过，这里不再赘述。

（3）样式编辑。样式是指用有意义的名称保存的字符格式和段落格式的集合。在 Word 2016 中，用户可以新建一种全新的样式，也可以修改内置的样式。在 Word 2016 中修改样式的步骤如下所述：

第 1 步：在打开的 Word 2016 文档窗口中，单击"开始"选项卡"样式"选项组中的对话框启动器按钮，如图 2-21 所示。

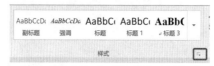

图 2-21　单击"样式"选项组中的对话框启动器按钮

第 2 步：在打开的"样式"窗格中右击准备修改的样式，在弹出的快捷菜单中选择"修改"命令，如图 2-22 所示。

图 2-22　选择"修改"命令

第 3 步：弹出"修改样式"对话框，单击"格式"按钮，如图 2-23 所示。如果要修改样式的字体，则单击图 2-23 中标示"1"的按钮，在弹出的对话框中修改字体、字号等格式；如果要修改段落格式，则单击图 2-23 中标示"2"的按钮，在弹出的对话框中修改段落格式。用户根据具体的论文格式要求，修改样式中的标题 1、标题 2、标题 3，分别对应第 1 章、1.1、1.1.1 三级标题的格式，将光标定位到要设置格式的位置，单击样式，即能应用格式。

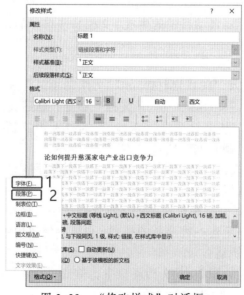

图 2-23　"修改样式"对话框

（4）清除格式。单击"开始"选项卡"样式"选项组中的"清除格式"按钮，如图 2-24 所示。

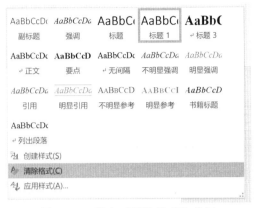

图 2-24　单击"清除格式"按钮

（5）符号和样式链接，使各级标题自动编号。操作步骤如下：

第 1 步：单击"开始"选项卡"段落"选项组中的"多级列表"按钮，选取列表样式后（见图 2-25），再单击"定义新的多级列表"按钮，弹出图 2-26 所示的"定义新多级列表"对话框。单击"更多"按钮，可展开高级选项。

图 2-25　编号设置

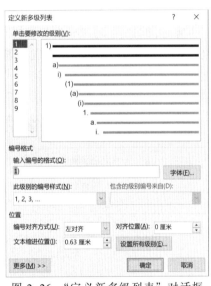

图 2-26　"定义新多级列表"对话框

第 2 步：在对话框中修改编号格式，将不同级别的编号链接到不同样式，如图 2-27 所示，则文中所有应用该样式的段落，将自动添加相应级别的编号。

（6）自动生成目录。要自动生成目录，需要三级标题分别应用标题 1、标题 2、标题 3 的样式。设置标题样式前面的步骤已经做好，这里不再重复叙述。其他操作如下：打开 Word 2016 文档窗口，将光标移动到正文部分"目录"两字的后一行，然后单击"引用"选项卡"目录"选项组中的"目录"按钮，在其下拉列表中选择"自动目录 1"或"自动目录 2",如图 2-28 所示。

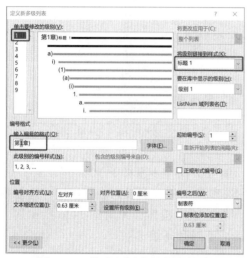

图 2-27 将多级列表链接到样式

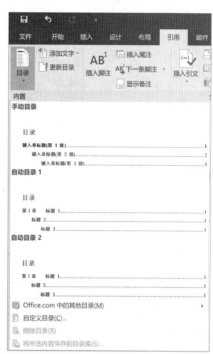

图 2-28 "目录"下拉列表

(7) Word 2016 中的"导航"窗格会为用户精确"导航",快速移动到特定位置。导航功能的导航方式有 3 种:标题导航、页面导航、关键字(词)导航。图 2-29 所示为标题导航,也是最常用的导航方式,其内容与目录相似。在"导航"窗格中单击某标题时,光标插入点立即移动到文档中该标题所在的位置。

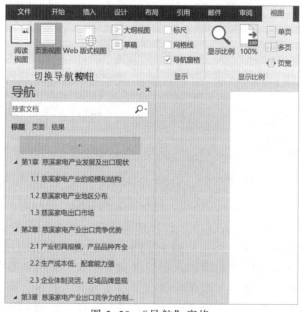

图 2-29 "导航"窗格

（8）论文分节——用于论文中页眉、页脚的设置。通过在 Word 2016 文档中插入分节符，可以将 Word 文档分成多个部分。每部分可以有不同的页边距、页眉页脚、纸张大小等不同的页面设置。在 Word 2016 文档中插入分节符的步骤如下所述：

打开 Word 2016 文档窗口，将光标定位到准备插入分节符的位置。然后单击"布局"选项卡"页面设置"选项组中的"分隔符"按钮，在打开的列表中，"分节符"区域列出 4 种不同类型的分节符，如图 2-30 所示。

① 下一页：插入分节符并在下一页上开始新节。

② 连续：插入分节符并在同一页上开始新节。

③ 偶数页：插入分节符并在下一偶数页上开始新节。

图 2-30 "分隔符"下拉列表

④ 奇数页：插入分节符并在下一奇数页上开始新节。

选择合适的分节符即可。

（9）摘要和目录采用罗马数字单独编页，正文部分采用阿拉伯数字进行编页。具体操作步骤如下：

第 1 步：在目录后插入分节符，当"显示/隐藏编辑标记"按钮未激活时，分节符不可见；激活该按钮可显示分节符位置，如图 2-31 所示。

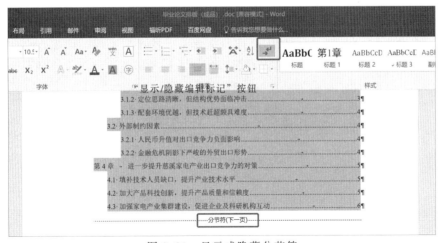

图 2-31 显示或隐藏分节符

第 2 步：在第 1 节也就是摘要和目录部分，单击"插入"选项卡"页眉和页脚"选项组"页码"下拉列表中的"设置页码格式"按钮，如图 2-32 所示。在弹出的"页码格式"对话框中修改编号格式为罗马数字，如图 2-33 所示。

第 3 步：格式设置完成之后，单击"页眉和页脚"选项组"页码"下拉列表中的"页面底端"→"普通数字 2"按钮，将页码放在页面底端中部，如图 2-34 所示。

图 2-32 "页码"下拉列表

图 2-33 "页码格式"对话框

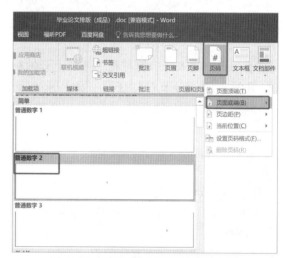

图 2-34 放置页码在页面底端中部

第 4 步：按同样的方法，在第 2 节插入格式为阿拉伯数字的页码，且从第 1 页开始。

（10）插入页眉：奇数页页眉为论文题目，偶数页页眉为本科生毕业论文。双击页眉处，在"页眉和页脚工具"/"设计"选项卡"选项"选项组中勾选"奇偶页不同"复选框，如图 2-35 所示；偶数页页眉为"本科生毕业设计"，奇数页页眉为论文题目。

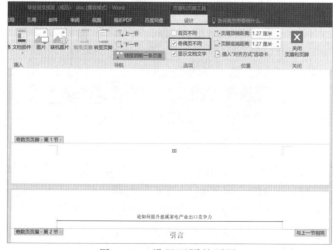

图 2-35 设置不同的页眉

（11）添加尾注，用于添加参考文献。具体操作步骤如下：

第1步：添加尾注。按照正文的顺序，在需要插入参考文献标注的地方添加尾注。首先添加第1个尾注，将光标移动到需要插入参考文献标注的地方。单击"引用"选项卡"脚注"选项组中的对话框启动器按钮，弹出"脚注和尾注"对话框，如图2-36所示。最后，单击"插入"按钮，便在所选的地方插入了第一个参考文献标注。可以看到，在所选地方上角出现了一个小"1"。

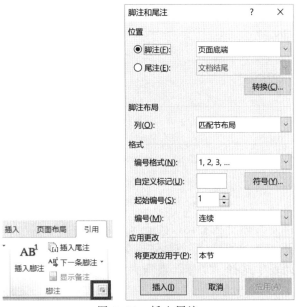

图2-36　插入尾注

第2步：双击上标"1"，光标自动跳到文档结尾，在参考文献位置，也自动生成了编号1的数字。此时可在自动生成的编号后输入参考文献信息（如名称、作者、来源等），如图2-37所示。

参考文献

[1]李大垒,宋永高. 从贴牌到自主品牌——慈溪家电集群发展对策[J]. 企业管理, 2006,(12)

图2-37　编辑参考文献

按照上面的步骤，在其他地方标注参考文献，可以看到系统是自动进行排序的，而与插入的先后顺序没有关系。这样，便完成了尾注的插入操作。

第3步：修改尾注格式。前两步插入的尾注正是所需要的标注，即在正文所插入地方上角的小数字，和文章末尾对应的小数字。但这些都不是正确的参考文献标注格式，需要对其格式修改为"[n]"的标准格式。首先，光标应在正文范围内，而不是最后的尾注区域。然后，按【Ctrl+H】组合键，弹出"查找和替换"对话框，选择"更多"选项卡，查找内容为特殊格式中的"尾注标记"（^e），替换为"[^&]"（^&表示原查找内容不变，为其增加两侧的方括号），全部替换，如图2-38所示。

图 2-38　修改尾注格式

第 4 步：尾注部分的标号从上标改为正文格式。与上一步不同的是，此时光标应在尾注区域内，打开"查找和替换"对话框，在"查找内容"文本框中输入"[^e]"，并在"格式"下拉列表中选择"字体"选项，如图 2-39 所示。弹出"字体"对话框，选择"上标"，如图 2-40 所示。

在"替换为"选项中填入"^&"，并取消选择"上标"复选框。

图 2-39　选择"字体"选项

图 2-40 "字体"对话框

设置完成后,直接单击"全部替换"按钮,使尾注区域内的参考文献编号改为常见期刊所要求的格式。通过以上步骤,在保证参考文献标注格式符合要求的同时,完成参考文献部分的编写。

通过以上步骤添加的参考文献,可双击参考文献前面的标号数字,光标就回到文章内容中插入参考文献的地方。

第 5 步:删除参考文献后面的尾注分隔线。具体操作如下: 首先将 Word 页面切换到草稿视图,可以单击页面右下方的"草稿视图"按钮,也可以单击"视图"选项卡"文档视图"选项组中的"草稿"按钮。

在草稿视图下,单击"引用"选项卡"脚注"选项组中的"显示备注"按钮,在页面最下方展开尾注编辑栏,如图 2-41 所示。

在尾注右边的下拉列表中选择"尾注分隔符",这时那条短横线出现,选中它,然后删除。再在下拉列表中选择"尾注延续分隔符",这时会出现长横线选中它删除。

图 2-41 打开尾注编辑栏

最后,切换到页面视图,参考文献插入完成。

练 习 一

打开"春.docx"文件,按要求完成如下操作,参考样式如图 2-42 所示。将其以"test1.docx"为文件名另存于原位置。

1. 页面设置:纸张大小为 A4 纸;上下左右页边距为 2 cm,且在左侧留出 0.5 cm 的装订线,页眉页脚边距各 2 cm。

2. 在页脚中间位置插入页码,样式为"-1-、-2-、-3-、……";在页眉中间位置插入内容"经典散文",黑体、小四号。

3. 新建一样式，样式名为"新样式 A"，字体格式要求：黑体、小二号、红色、加粗；段落格式要求：居中对齐；并将新样式 A 应用于标题"春—朱自清"；正文格式设定为楷体、小四号、海绿色、首行缩进 2 cm、段前段后均为 0.5 行、行间距为 18 磅。

4. 文档中除标题外，所有的"春"替换为红色"春"。

5. 将图片"春.jpg"插入文中第 2 段；并设置高度 5.5 cm，宽度 6 cm；图片颜色为灰度；环绕方式为四周型。

6. 将第 3 段分成等宽的两栏，间距 3 个字符，加分隔线；并为该段文字设置黄色底纹。

7. 将文档第二页的文字转换成表格；外边框颜色为水绿色，内边框颜色为黄色、底纹颜色青色，表格中文字颜色设为浅绿色。

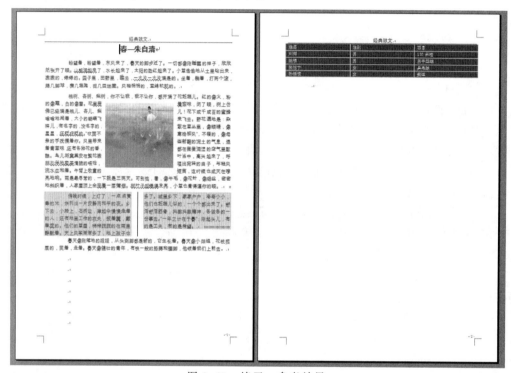

图 2-42　练习一参考效果

练 习 二

打开"只有一个地球.docx"文件，按要求完成如下操作，参考样式如图 2-43 所示。将其以"test2.docx"为文件名另存于原位置。

1. 在文中第一段添加横排文本框，输入文字：只有一个地球。设置其字体为黑体，小二号字，红色，加粗，倾斜，居中；设置文本框格式：四周型，2 磅蓝色实线外框，淡蓝色填充色。

2. 字体设置：正文部分楷体，小四号字，蓝色；段落设置：正文部分悬挂缩进

2个字符,段前间距10磅,1.2倍行距。

3. 将正文第3段首字下沉2行,为倒数第3段文字添加黄色边框。

4. 插入剪贴画"地球",并设置高度4 cm,宽度12 cm,冲蚀效果,四周型,位置参照样图。

5. 在文档第二页插入表格,表格内文本水平垂直居中对齐,外部框线为红色双线,1.5磅;内部框线为蓝色,2.5磅。

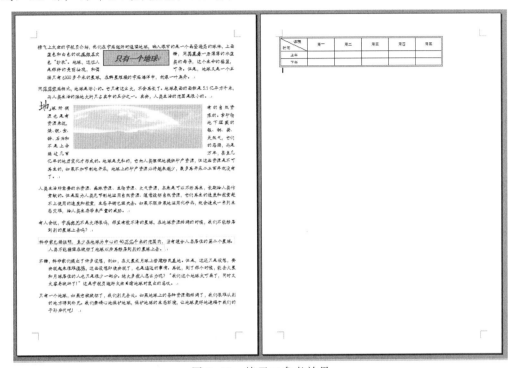

图 2-43 练习二参考效果

第3章

Excel 2016 电子表格处理

本章为 Excel 2016 实训部分内容，共 2 个实训项目，分别如下：

实训项目一 制作"世界 GDP 排名前十国家"统计表

实训项目二 制作"××公司工资明细"统计表

通过以上上机练习项目，使学生能熟练掌握 Excel 2016 数据表的创建，能够格式化表格，能够管理和分析工作表并建立相关的图表。实训项目一运用 Excel 相关公式计算世界各国 GDP 在 2020 年的增量及名义增量率。2020 年受新冠肺炎疫情影响，中国是世界 GDP 排名前十的国家中唯一正增长的国家。这是中国共产党领导下全国人民不畏艰险、众志成城、科学抗疫的伟大胜利，向世界展示了强大的中国精神。

实训项目一 制作"世界 GDP 排名前十国家"统计表

【实训目的】

（1）掌握工作表的建立和保存。

（2）掌握工作表的格式化操作。

（3）掌握公式的应用。

（4）掌握工作表的管理。

【实训内容】

（1）创建"世界 GDP 排名前十国家.xlsx"工作簿文件，其中包括 2 张工作表，要求在第一张工作表中输入表 3-1 中的数据。

（2）进行表格的格式化操作，包括标题单元格的合并、字体格式、表格边框等。

（3）利用公式计算每个国家 2020 年的 GDP 增量以及名义增长率。GDP 增量=2020年 GDP-2019 年 GDP，名义增长率=2020 年增量/2019 年 GDP。

（4）对两张工作表的标签设置不同的颜色，分别为红色和蓝色。对工作表进行重命名，名称分别是"2020 年 GDP"和"2021 年 GDP"。将第一张工作表复制到第二张工作表。

表 3-1　2020 年世界 GDP 排名前十国家数据

2020 年世界 GDP 排名前十国家（单位：亿美元）				
国家	2020 年	2019 年	增量	名义增长率（%）
美国	209366	214332.25		
中国	147227.31	142799.37		
日本	50179.82	50648.73		
德国	38060.6	38611.24		
英国	27077.44	28308.14		
印度	26229.84	28705.04		
法国	26030.04	27155.18		
意大利	18864.45	20049.13		
加拿大	16434.08	17415.76		
韩国	16305.25	16467.39		

实训项目一完成效果如图 3-1 所示。

图 3-1　"世界 GDP 排名前十国家"效果图

【实训步骤】

（1）创建"世界 GDP 排名前十国家.xlsx"工作簿。

① 启动 Microsoft Excel 2016 后，程序会自动创建 1 张工作表（Sheet1）的工作簿文件，并自动命名为"工作簿 1.xlsx"。

② 单击快速访问工具栏中的"保存"按钮，弹出"另存为"对话框，将工作簿保存于"D:\Excel\项目一"文件夹中，并命名为"世界 GDP 排名前十国家.xlsx"。

③ 输入数据，如图 3-2 所示。

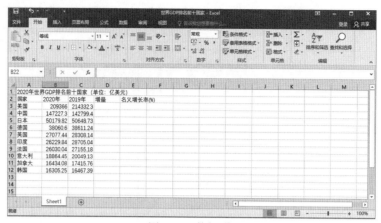

图 3-2　数据表

（2）格式化工作表。

① 选中 A1:E1 单元格区域，单击"开始"选项卡"对齐方式"选项组中的"合并后居中"按钮，如图 3-3 所示。

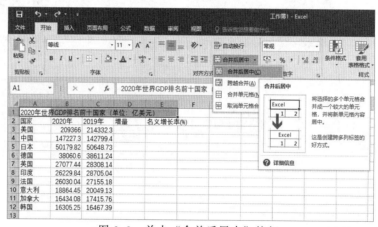

图 3-3　单击"合并后居中"按钮

② 选中 A1 单元格，单击"开始"选项卡"字体"选项组中的"字号"下拉按钮，选中"14"，如图 3-4 所示。

③ 选中 A1:E12 单元格区域并右击，在弹出的快捷菜单中选择"设置单元格格式"命令，弹出"设置单元格格式"对话框，选择"边框"选项卡，分别单击"外边框"和"内部"按钮，如图 3-5 所示。

④ 选中 A1:E12 单元格区域，单击"开始"选项卡"单元格"选项组"格式"下拉列表中的"列宽"按钮，弹出"列宽"对话框，设置列宽为"12"，如图 3-6 所示。

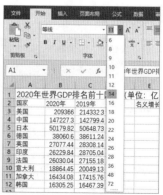

图 3-4　设置字号

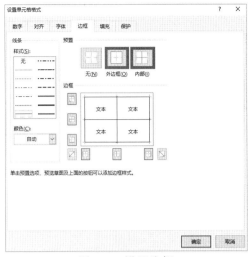

图 3-5 设置边框

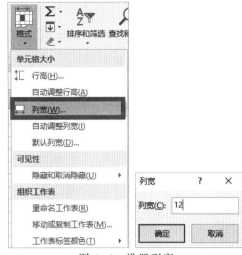

图 3-6 设置列宽

⑤ 选中 A1:E2 单元格区域,单击"开始"选项卡"字体"选项组中的"加粗"按钮。

⑥ 选中 A2:E2 单元格区域,单击"开始"选项卡"字体"选项组中的"主题颜色"下拉按钮,设置为"金色,个性色 4,淡色 60%",如图 3-7 所示。

最终效果图如图 3-8 所示。

图 3-7 主题颜色设置

图 3-8 格式化操作效果图

(3)公式计算。

① 计算 GDP 增量。选中 D3 单元格,输入"=C3-B3",再按【Enter】键。在 D3 单元格中显示计算结果,这时再选中该单元格,则可以在编辑栏中看到公式,如图 3-9 所示。

② 复制公式。将 D3 单元格的公式复制给 D4:D12 单元格区域。单击 D3 单元格,将鼠标指针移动到该单元格右下角,单击并向右拖动到 D12 单元格后释放鼠标。

③ 计算名义增长率。单击 E3 单元格,输入公式"=D3/C3"。参考上述操作将 E4 单元格的公式复制给 E4:E12 单元格区域。单击 E4 单元格,将鼠标指针移动到该单元格右下角,单击并向下拖动至 E12 单元格后释放鼠标。

所有公式计算完成的效果图如图 3-10 所示。

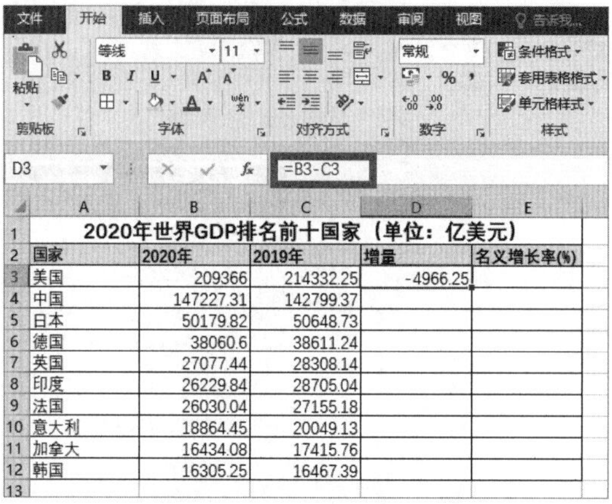

	A	B	C	D	E
1	2020年世界GDP排名前十国家（单位：亿美元）				
2	国家	2020年	2019年	增量	名义增长率(%)
3	美国	209366	214332.25	-4966.25	
4	中国	147227.31	142799.37		
5	日本	50179.82	50648.73		
6	德国	38060.6	38611.24		
7	英国	27077.44	28308.14		
8	印度	26229.84	28705.04		
9	法国	26030.04	27155.18		
10	意大利	18864.45	20049.13		
11	加拿大	16434.08	17415.76		
12	韩国	16305.25	16467.39		
13					

图 3-9　计算 GDP 增量

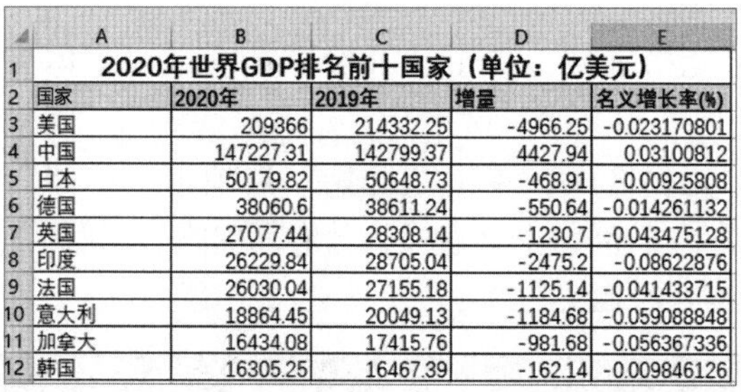

	A	B	C	D	E
1	2020年世界GDP排名前十国家（单位：亿美元）				
2	国家	2020年	2019年	增量	名义增长率(%)
3	美国	209366	214332.25	-4966.25	-0.023170801
4	中国	147227.31	142799.37	4427.94	0.03100812
5	日本	50179.82	50648.73	-468.91	-0.00925808
6	德国	38060.6	38611.24	-550.64	-0.014261132
7	英国	27077.44	28308.14	-1230.7	-0.043475128
8	印度	26229.84	28705.04	-2475.2	-0.08622876
9	法国	26030.04	27155.18	-1125.14	-0.041433715
10	意大利	18864.45	20049.13	-1184.68	-0.059088848
11	加拿大	16434.08	17415.76	-981.68	-0.056367336
12	韩国	16305.25	16467.39	-162.14	-0.009846126

图 3-10　计算 GDP 增量&名义增长率的初步效果图

④ 设置百分比格式。

选中 E3:E12 单元格区域，单击“开始”选项卡“数字”选项组中的对话框启动器按钮，弹出“设置单元格格式”对话框，在“分类”列表框中选择“百分比”，然后在右侧的“小数位数”微调框中输入“2”，如图 3-11 所示，最后单击“确定”按钮。

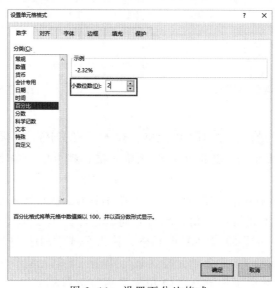

图 3-11　设置百分比格式

④ 设置条件格式。

选中 D3:E12 单元格区域,单击"开始"选项卡"样式"选项组"条件格式"下拉列表中的"突出显示单元格规则"→"大于"按钮;弹出"大于"对话框,输入"0",如图 3-12 所示。

图 3-12　设置条件格式

设置完所有格式后,整体效果如图 3-1 所示。

(4)管理工作表。

① 复制工作表。右击 Sheet1 工作表标签,在弹出的快捷菜单中选择"移动或复制"命令,弹出"移动或复制工作表"对话框,勾选"建立副本"复选框,并在"下列选定工作表之前"列表框中选择"(移至最后)",如图 3-13 所示。最后单击"确定"按钮。

图 3-13　复制工作表

② 重命名工作表。双击 Sheet1 或右击 Sheet1 工作表标签,在弹出的快捷菜单中选择"重命名"命令,随后输入"2020 年 GDP"。使用同样的操作对 Sheet1 的工作表副本重命名。

③ 设置标签颜色。右击"2020 年 GDP"工作表标签,在弹出的快捷菜单中选择"工作表标签颜色"命令,在色彩面板中选择"红色",同样将"2021 年 GDP"工作

表标签设置为蓝色。效果图如图 3-14 所示。

图 3-14　标签设置效果图

> 在进行完所有操作之后，要记得保存文档，也可以在每一项操作完成之后保存，以免信息丢失。最快捷的保存方式就是按【Ctrl+S】组合键。

实训项目二　制作"××公司工资明细"统计表

【实训目的】

（1）掌握函数的应用。
（2）掌握图表的建立和修改。
（3）掌握工作表的数据分析。
（4）掌握数据透视表的建立。
（5）掌握工作表的页面设置。

【实训内容】

（1）在××公司的工资明细表（见图 3-15）中添加求和函数，计算每个员工的工资总额；再添加条件函数，根据每个员工的奖金额度评定员工的考核结果是"优秀""良好""合格"。

	A	B	C	D	E	F	G
1			★★公司工资明细表				
2	姓名	部门	基本工资	奖金	补贴	总计	考核
3	刘三	销售部	1400	3000	1400		
4	张金	广告部	1000	1500	500		
5	陈武	生产车间	1200	800	120		
6	郑观	生产车间	1200	800	600		
7	杨庆地	销售部	1400	2000	580		
8	吴冕	广告部	1000	1000	1100		

图 3-15　数据表示例

（2）根据表中的员工姓名和各项工资明细信息建立一张带数据标记的折线图，并对图表格式进行修改，包括改变图表区和绘图区格式、重新选择图表布局等。

（3）对工作表进行排序，优先考虑按工资总额降序排列，再考虑按姓名升序排列。

（4）建立自动筛选，筛选出补贴少于 200 的员工信息。

（5）建立高级筛选，筛选出基本工资多于 1 000 的或者奖金多于 2 000 的员工信息。

（6）对工作表中的数据进行分类汇总，以"部门"为分类字段，将"基本工资"进行"平均值"分类汇总。

（7）根据工作表中的数据建立数据透视表，以便查看各部门每个员工的工资明细以及各项总和。

（8）设置页面格式，将页边距设置为水平垂直居中，并给报表加入页码。

【实训步骤】

（1）添加函数。

① 选中 C3:E3 单元格区域，单击"开始"选项卡"编辑"选项组中的"求和"按钮，如图 3-16 所示，这时在 F3 单元格中显示函数"=SUM(C3:E3)"，最后按【Enter】键，在 F3 单元格中出现计算结果。

② 复制函数。将 F3 单元格的函数复制到 F4:F8 单元格区域。单击 F3 单元格，将鼠标指针移至该单元格右下角，单击并向下拖动至 F8 单元格后释放鼠标，结果如图 3-17 所示。

图 3-16　单击"求和"按钮

图 3-17　工资总计计算结果图

③ 单击 G3 单元格，输入"=IF(D3>=2000,"优秀",IF(D3>=1000,"良好","合格"))"，该函数是嵌套条件函数，表示的意思是如果员工的奖金大于或等于 2 000，考核为"优秀"，否则如果大于或等于 1 000，考核为"良好"，否则为"合格"，最后按【Enter】键。

④ 复制函数。将 G3 单元格的函数复制到 G4:G8 单元格区域。单击 G3 单元格，将鼠标指针移动到该单元格右下角，单击并向下拖动到 G8 单元格后释放鼠标，结果如图 3-18 所示。

图 3-18　考核情况计算结果图

（2）建立并修改图表。

① 选中 A2:A8 单元格区域，按住【Ctrl】键的同时选中 C2:E8 单元格区域，单击"插入"选项卡"图表"选项组中的"折线图"按钮，打开折线图选择列表，如图 3-19 所示。

② 选择二维折线图中的"带数据标记的折线图"，这时在数据表中生成一张图表，如图 3-20 所示。

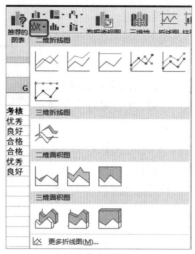

图 3-19 折线图选择框

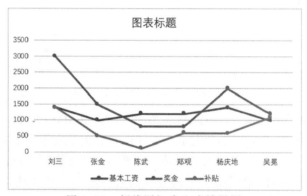

图 3-20 折线图初步生成效果图

③ 单击图表的任意位置，在功能区出现"图表工具"选项卡，单击"图表工具"/"设计"选项卡"图表布局"选项组"快速布局"下拉列表中的"布局 5"按钮，即原来的图表应用了新的图表布局。

④ 单击"图表标题"文本框，输入新标题"工资明细图"；单击"坐标轴标题"，按【delete】键删除。效果如图 3-21 所示。

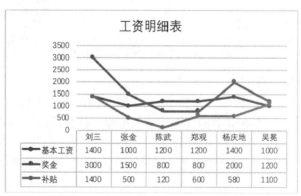

图 3-21 "布局 5"应用效果图

⑤ 右击图表标题旁边的空白区域，在弹出的快捷菜单中选择"设置图表区域格式"命令，在弹出的任务窗格中选中"渐变填充"单选按钮，单击"预设渐变"下拉按钮，在弹出的列表框中选择"浅色渐变-个性色 2"，操作过程如图 3-22 所示；具体效果如图 3-23 所示。

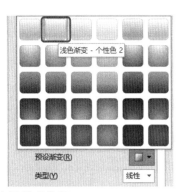

图 3-22　图表区填充设置

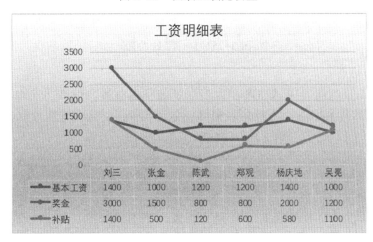

图 3-23　图表效果图

⑥设置绘图区格式，操作同⑤，但要注意选中的对象为绘图区。
（3）排序。
① 选择 A2:G8 单元格区域，单击"开始"选项卡"编辑"选项组"排序和筛选"下拉列表中的"自定义排序"按钮，弹出"排序"对话框，如图 3-24 所示。

图 3-24 "排序"对话框

② 在"主要关键字"下拉列表中选择"总计",在"次序"下拉列表中选择"降序"。

③ 单击"添加条件"按钮,在"次要关键字"下拉列表中选择"姓名",在"次序"下拉列表中选择"升序",如图 3-25 所示。最后单击"确定"按钮。

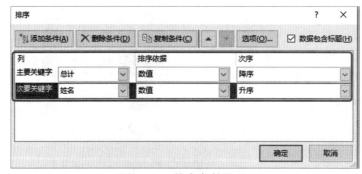

图 3-25 排序条件设置

(4)自动筛选。

① 单击工资数据表中 A2:G8 单元格区域的任意位置,单击"开始"选项卡"编辑"选项组"排序和筛选"下拉列表中的"筛选"按钮,这时在工资表每一列标题的右方出现一个下拉按钮,如图 3-26 所示。

图 3-26 执行自动筛选后的列标题效果

> 由于该表除了列标题之外在第一行还有一个表格标题,所以如果在第①步中单击 A1 单元格,那么执行"筛选"操作之后只有在 A1 单元格中才出现下拉按钮,这就无法完成筛选任务。另外,如果单击数据表之外的区域,那么执行"筛选"操作之后会弹出警示对话框,无法完成操作。所以只能选择 A2:G8 单元格区域中的单元格。此条规则适用于后续的高级筛选、分类汇总操作。

② 单击"补贴"下拉按钮,选择"数字筛选"→"小于"选项,如图 3-27 所示,弹出"自定义自动筛选方式"对话框。

图 3-27　自动筛选设置

③ 在对话框的"小于"文本框中输入 200，单击"确定"按钮。在源数据表中暂时隐藏不符合条件的记录，只显示补贴小于 200 的员工信息。

（5）高级筛选。

① 将条件标题进行复制粘贴。选择 C2:D2 单元格区域，按【Ctrl+C】组合键，再单击当前工作表中除数据表和图表之外的任意空白单元格（如 J10），再按【Ctrl+V】组合键。

② 在刚刚复制出来的"基本工资"条件标题下的单元格中（如 J11）输入">1000"，然后在"补贴"条件标题下输入">2000"，但要注意该单元格不应与刚才输入">1000"的单元格在同一行，否则就表示两个条件需要同时满足而不是条件或的关系。

③ 单击数据表中 A2:G8 单元格区域中的任意单元格，再单击"数据"选项卡"排序和筛选"选项组中的"高级"按钮，弹出"高级筛选"对话框，其中的列表区域默认显示 A2:G8 区域，不用改动，在下方的条件区域输入"J10: K12"，或者直接用鼠标选择相关的条件区域，如图 3-28 所示。最后单击"确定"按钮。

图 3-28　"高级筛选"对话框

（6）分类汇总。

① 在进行分类汇总之前必须先取消之前的筛选，即将原数据表完整地显示出来。单击"数据"选项卡"排序和筛选"选项组中的"清除"按钮。

② 以"部门"为主要关键字进行排序，升序或降序皆可。排序是为分类汇总做好数据准备，是不可或缺的步骤。排序的具体操作可参考前面的内容。

③ 单击数据表中 A2:G8 单元格区域中的任意位置，再单击"数据"选项卡"分

级显示”选项组中的“分类汇总”按钮，弹出“分类汇总”对话框。在“分类字段”下拉列表中选择“部门”，在“汇总方式”下拉列表中选择“平均值”，在“选定汇总项”下拉列表中选择“基本工资”，如图 3-29 所示。最后单击“确定”按钮。分类汇总的效果图如图 3-30 所示。

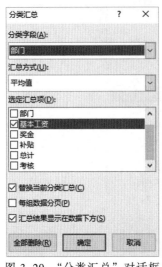

图 3-29 “分类汇总”对话框

	A	B	C	D	E	F	G
1	****公司工资明细表**						
2	姓名	部门	基本工资	奖金	补贴	总计	考核
3	张金	广告部	1000	1500	500	3000	良好
4	吴冕	广告部	1000	1200	1100	3300	良好
5		**广告部 平均值**	1000				
6	陈武	生产车间	1200	800	120	2120	合格
7	郑观	生产车间	1200	800	600	2600	合格
8		**生产车间 平均值**	1200				
9	刘三	销售部	1400	3000	1400	5800	优秀
10	杨庆地	销售部	1400	2000	580	3980	优秀
11		**销售部 平均值**	1400				
12		**总计平均值**	1200				

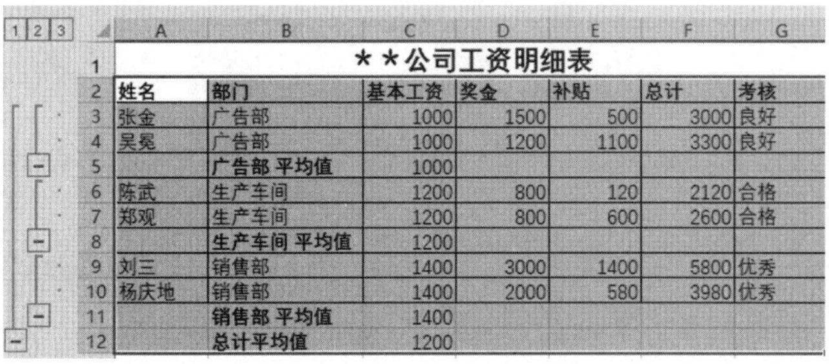

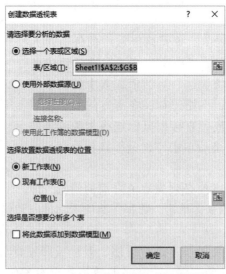

图 3-30 分类汇总效果图

（7）建立数据透视表。

① 在建立数据透视表之前也要先删除分类汇总的结果，再次打开“分类汇总”对话框，然后单击“全部删除”按钮。

② 单击数据表中 A2:G8 单元格区域中的任意位置，单击“插入”选项卡“表格”选项组中的“数据透视表”按钮，弹出“创建数据透视表”对话框，如图 3-31 所示，单击“确定”按钮。

图 3-31 “创建数据透视表”对话框

③ 在生成的新工作表中，暂时没有数据，需要用户从右边的"数据透视表字段"中选择字段。根据题意，需要勾选"姓名""部门""基本工资""奖金""补贴"字段，选择完成后出现在字段列表下方的"行标签""数值"中，如图 3-32 所示。

④ 为了显示各部门的员工工资情况，需要把行标签中的两个字段对调顺序。单击其中的"部门"标签并拖动鼠标移动到"姓名"上方，此时在工作表中显示的数据透视表如图 3-33 所示。

图 3-32 数据透视表字段选择结果

图 3-33 数据透视表效果图

⑤ 如果想查看各部门最高的奖金项和最少的补贴项，可以更改数据透视表的设置。首先右击图 3-33 中的 C3 单元格，在弹出的快捷菜单中选择"值字段设置"命令，在弹出的对话框中选择"计算类型"列表中的"最大值"，单击"确定"按钮，如图 3-34 所示。同理，要显示补贴的最小值，就选择"计算类型"中的"最小值"。

图 3-34 "值字段设置"对话框

（8）页面设置。

① 单击 Sheet1 工作表标签，单击"页面布局"选项卡"页面设置"选项组"页边距"下拉列表中的"自定义边距"按钮，弹出"页面设置"对话框，勾选"居中方式"区域的"水平"和"垂直"复选框，如图 3-35 所示。

② 在"页面设置"对话框中选择"页眉/页脚"选项卡，单击"自定义页脚"按钮，弹出"页脚"对话框，在"中"文本框中输入"第&[页码]页，共&[总页数]页"，如图 3-36 所示，单击"确定"按钮。

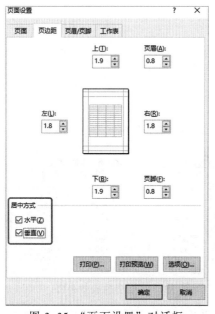

图 3-35 "页面设置"对话框

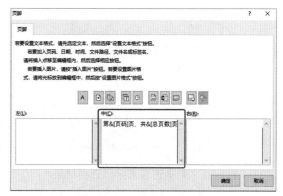

图 3-36 "页脚"对话框

练 习 一

在 Excel 2016 中按下列要求建立数据表格和图表：

成分　含量　比例

碳　　0.02

氢　　0.25

镁　　1.28

氧　　3.45

按下列要求操作：

1. 将上述某种药品成分构成情况的数据建成一个数据表（存放在 A1:C5 单元格区域内），并计算出各类成分所占比例（保留小数点后面 3 位），其计算公式是：

比例=含量（mg）/含量的总和（mg）

2. 对建立的数据表建立分离型三维饼图，图表标题为"药品成分构成图"，并将其嵌入到工作表的 A7:E17 单元格区域中。

练习 二

请把下列数据输入数据表中：

2020级部分学生成绩表										
学号	姓名	性别	数学	礼仪	计算机	英语	总分	平均分	最大值	最小值
202001	孙志	男	72	82	81	62				
202002	张磊	男	78	74	78	80				
202003	黄亚	女	80	70	68	70				
202004	李峰	男	79	71	62	76				

按下列要求操作：

1. 把标题行进行合并居中。
2. 用函数求出总分、平均分、最大值、最小值。
3. 用总分成绩递减排序，总分相等时用学号递增排序。
4. 筛选计算机成绩大于或等于70分且小于80分的记录，并把结果放在Sheet2中。
5. 把Sheet1工作表命名为"学生成绩"，把Sheet2工作表命名为"筛选结果"。

练习 三

在Excel中输入下列数据：

编号	姓名	英语	计算机	数学
001	张三	85	80	86
002	李四	62	81	95
003	王五	85	82	82
004	赵六	98	83	82
005	马七	78	78	75

按下列要求操作：

1. 设置工作表行、列。标题行：行高30；其余行高为20。
2. 设置单元格。
3. 标题格式。字体：楷体；字号：20；字体颜色为红色；跨列居中；底纹黄色。
4. 将成绩右对齐，其他各单元格内容居中。
5. 设置表格边框。外边框为双线，深蓝色；内边框为细实线框，黑色。
6. 重命名工作表。将Sheet1工作表重命名为"学生成绩表"。

第 4 章

PowerPoint 2016 演示文稿制作 <<<

本章为 PowerPoint 2016 实训部分内容，共 3 个实训项目，分别如下：
实训项目一　制作"四个自信"演示文稿
实训项目二　制作"毕业论文答辩"演示文稿
实训项目三　制作"个人简介"演示文稿

通过以上上机练习项目，使学生能熟练掌握 PowerPoint 2016 演示文稿的基本创建、编辑和使用等方法，能够掌握一些动画设置、放映方式、多媒体文件插入等技巧。"四个自信"的实践项目能够引导大学生正确认识并坚定我国的道路自信、理论自信、制度自信和文化自信，展示出大学生应有的精神风貌、激发他们的爱国主义精神。毕业设计答辩和课程汇报展示了每个大学生都需要具备的技能，通过"毕业论文答辩"这一实践可以让学生提前掌握好基本技能，提升相关素养，为后续的学习夯实基础。高年级学生面临着实习工作的压力，如何能在求职中脱颖而出，就需要正确认识自己，并善于将优秀的自己展示出来，因此通过"个人简介"的实践可以让学生提前做好准备，引导他们积极规划以便自信地应对各类社交活动。

实训项目一　制作"四个自信"演示文稿

【实训目的】

（1）掌握演示文稿的建立和保存。
（2）掌握在演示文稿中插入和编辑文本，设置文本和文本框的格式以及插入艺术字的方法。
（3）掌握在演示文稿中插入和编辑图片、自选图形、组织结构图和图表等的方法。
（4）掌握美化演示文稿的基本方法。

【实训内容】

创建"四个自信.pptx"演示文稿并保存在当前文件夹中，按照演示文稿样文创建并编辑文本，对演示文稿应用主题。制作完成效果如图 4-1 所示。

第 4 章 PowerPoint 2016 演示文稿制作

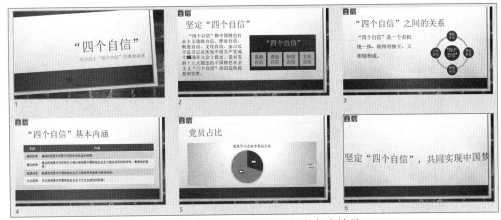

图 4-1 "四个自信"演示文稿完成效果

【实训步骤】

1. 创建"四个自信.pptx"演示文稿

启动 Microsoft PowerPoint 2016 后，程序会自动创建包含一张空白幻灯片的演示文稿，并自动命名为"演示文稿 1.pptx"，如图 4-2 所示。单击快速访问工具栏中的"保存"按钮，弹出"另存为"对话框，将演示文稿保存于"项目素材\PPT"文件夹中，并命名为"四个自信.pptx"，如图 4-3 所示。

图 4-2 创建演示文稿 1

在 Microsoft PowerPoint 2016 中，可以创建空白演示文稿，也可以根据模板或主题创建演示文稿。

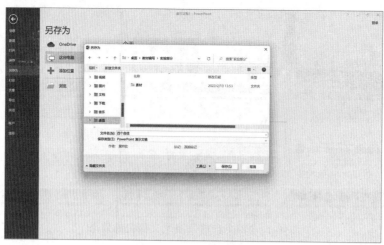

图 4-3　保存演示文稿

2．在幻灯片中编辑演示文稿的内容

自动创建的首张幻灯片默认为"标题幻灯片"版式，如图 4-2 所示。在幻灯片中添加文本有两种方法：一种是把文字输入到占位符中；第二种是单击"插入"选项卡"文本"选项组"文本框"下拉列表中的"横排文本框"或者"垂直文本框"按钮进行添加，如图 4-4 所示。

图 4-4　插入文本框

首先按照样文在占位符中输入文本。直接双击图 4-2 占位符中的文字"双击此处添加标题"，此时示例文字消失，光标随之变成闪烁的 I 型光标，输入演示文稿主题文字"四个自信"，然后单击占位符外的区域，即可退出编辑状态。在图 4-2 下面的占位符中输入副标题"学习关于四个自信的重要论述"，结果如图 4-5 所示。

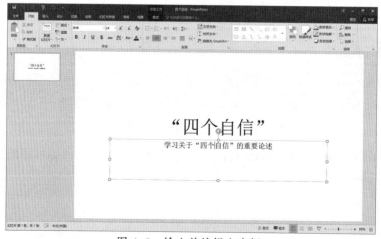

图 4-5　输入并编辑文本框

若要删除文本框则先选中文本框,然后按【Delete】键即可删除;若要修改文本框内容,则单击需要修改的位置,出现闪烁的光标即可输入或删除文字。

3. 为幻灯片设置主题

创建演示文稿后,可以为幻灯片设置漂亮的主题,或者设置幻灯片的背景,从而使演示文稿中的幻灯片具有漂亮的外观和统一的风格。当幻灯片设置某一主题后,幻灯片主题的颜色、主题效果和主题字体都将按一种格式进行布置。

在 PowerPoint 2016 中,为演示文稿中的幻灯片应用某一主题时可以先单击"设计"选项卡查看主题组,如图 4-6 所示。如果想要查看更多的主题,则可单击"设计"选项卡"主题"选项组右侧的"其他"按钮,图 4-7 所示显示了所有主题,用户可以选择想要应用的主题样式。

图 4-6 主题样式

图 4-7 应用的主题样式

为"四个自信.pptx"演示文稿设置"主要事件"主题的步骤是:单击"设计"选项卡"主题"选项组右侧的"其他"按钮,在展开的列表中选择"主要事件"主题,结果如图 4-8 所示。如果在演示文稿中新建了其他幻灯片,也可以将"主要事件"主题应用到所有演示文稿幻灯片中。

如果只需将选定的模板应用于某几张幻灯片,则可以先在普通视图左窗格的"幻灯片"选项卡中选中要设置模板的幻灯片(按住【Ctrl】键可以同时选中多张幻灯片),然后右击选中的模板图标,在弹出的快捷菜单中选择"应用于选定当前的幻灯片"命令。

图 4-8 设置"主要事件"主题效果

4．设置幻灯片背景

PowerPoint 2016 中的主题经常不能满足用户的要求，此时可以通过背景样式调整演示文稿中的所有幻灯片或某一张幻灯片的背景。设置背景可以单击"设计"选项卡"变体"选项组右侧的"其他"按钮，在下拉列表中单击"背景样式"面板中的样式，如图 4-9 所示。

图 4-9 "背景样式"面板

单击"设计"选项卡"自定义"选项组中的"设置背景格式"按钮，在右侧出现"设置背景格式"任务窗格，可以设置更多的背景格式，如图 4-10 所示。

图 4-10 "设置背景格式"任务窗格

选择"填充"区域的"图片或纹理填充"单选按钮,在"纹理"下拉列表中选择"白色大理石"纹理,如图 4-11 所示。单击"关闭"按钮,选择的背景纹理将应用到当前幻灯片中;若单击"全部应用"按钮再单击"关闭"按钮,则所选的纹理背景会应用到整个演示文稿的幻灯片中。

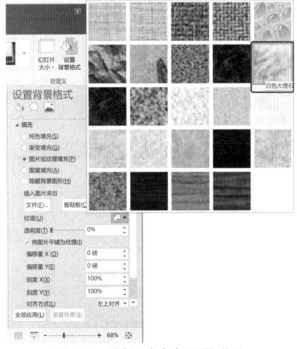

图 4-11 选择"白色大理石"纹理

单击"全部应用"按钮,效果如图 4-12 所示。

图 4-12　纹理背景效果图

5．添加、复制、移动、删除幻灯片

若需要在演示文稿中添加新的幻灯片，有如下 3 种方法：一是在 PowerPoint 2016 工作区右击，在弹出的快捷菜单中选择"新建幻灯片"命令，如图 4-13 所示；二是在左边幻灯片栏中直接按【Enter】键即可新建幻灯片；三是单击"开始"选项卡"幻灯片"选项组中的"新建幻灯片"按钮，这时添加的是默认的空白版式幻灯片，若需要添加不同版式的幻灯片，则单击"新建幻灯片"下拉按钮，在其下拉列表中选择需要的幻灯片版式，如图 4-14 所示。

若要添加的幻灯片与前面的某张幻灯片排版或者内容相似，则可以利用复制幻灯片的方法添加新幻灯片。操作是选择相似幻灯片后右击，在弹出的快捷菜单中选择"复制幻灯片"命令，如图 4-15 所示，可以复制出所选择的幻灯片。

图 4-13　选择"新建幻灯片"命令

图 4-14　幻灯片版式

第4章 PowerPoint 2016 演示文稿制作

图 4-15　选择"复制幻灯片"命令

若要调整幻灯片的位置顺序，选中需要移动的幻灯片，并将其拖动到幻灯片合适的位置。若删除某张不需要的幻灯片，选中要删除的幻灯片，然后按【Delete】键，或右击，在弹出的快捷菜单中选择"删除幻灯片"命令。

6．插入图片、图形、剪贴画和艺术字

在 PowerPoint 2016 中，利用"插入"选项卡中提供的选项，可以在演示文稿中插入表格、图像、插图、声音、影片和艺术字等多媒体元素，如图 4-16 所示，使幻灯片更加生动、美观，同时可以增强整体的演示效果。

图 4-16　插入多媒体元素

1）插入并编辑图片

新建幻灯片，选择"标题和内容"版式，如图 4-17 所示。在标题占位符中输入文字"坚定四个自信"，单击"双击以添加文本"框中的"插入图片"按钮，弹出图 4-18 所示的对话框，在本地文件夹中选择"四个自信.jpg"图片，单击"插入"按钮，幻灯片效果如图 4-19 所示。如需要调整图片的大小或位置，则选中图片，将鼠标指针移到图片的某一角控制点上，鼠标指针会变成双向箭头形状，此时按下鼠标左键上下左右拖动，即可放大或缩小图片；需要拖动位置，则只需按住鼠标左键，然后拖动图片，将其放置到合适的位置。在该张图片旁边再插入文本框，输入相关内容，效果如图 4-20 所示。

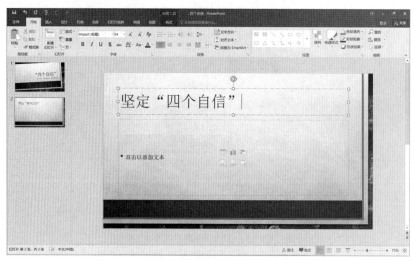

图 4-17　添加"标题和内容"版式幻灯片

图 4-18　选择需要插入的图片

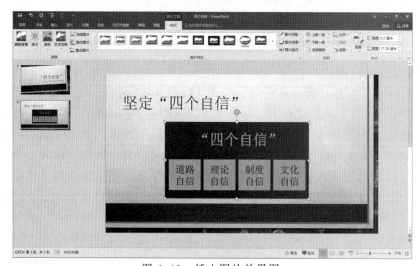

图 4-19　插入图片效果图

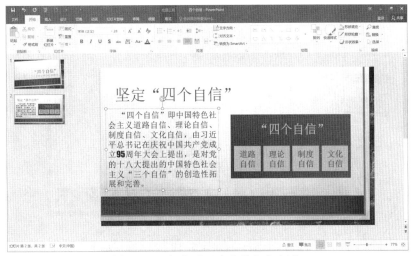

图 4-20 坚定"四个自信"幻灯片

2)插入 SmartArt 图形、表格和图表

在幻灯片中插入 SmartArt 图形、表格和图表的方法和插入图片相似。

首先新建幻灯片,选择"标题和内容"版式,在标题占位符中输入文字"结构设置",单击"双击以添加文本"框中的"插入 SmartArt 图形"按钮,弹出图 4-21 所示的对话框,选择"关系"选项中的"射线循环",单击"确定"按钮,幻灯片效果如图 4-22 所示。在图 4-22 中的文本框中,输入相关的文字,如果形状不够,可以选中一个框并右击,在弹出的快捷菜单中选择"添加形状"命令,即可添加相应级别的形状,此外在该幻灯片中添加标题和文本框内容,幻灯片的最终效果如图 4-23 所示。

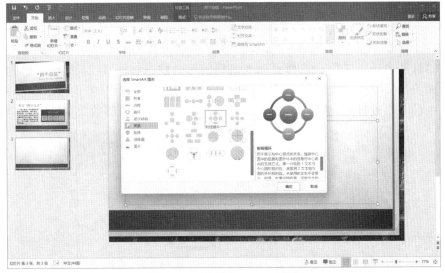

图 4-21 选择 SmartArt 图形

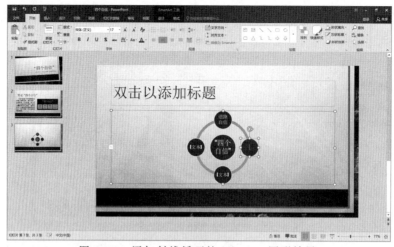

图 4-22　添加射线循环的 SmartArt 图形效果

图 4-23　SmartArt 图形最终效果

在幻灯片中插入表格，选择要插入表格的行列数，如图 4-24 所示。然后在表格中输入相关的文字，并设置其样式，单击"表格工具"/"设计"选项卡"表格样式"选项组中的"中度样式-强调 1"样式，如图 4-25 所示。最终效果如图 4-26 所示。

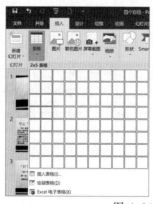 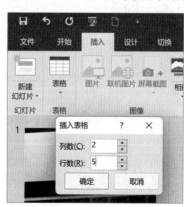

图 4-24　插入表格

第4章 PowerPoint 2016 演示文稿制作

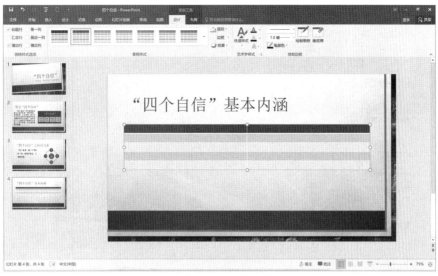

图 4-25　表格样式

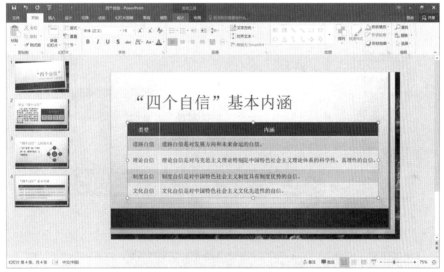

图 4-26　表格幻灯片效果图

3）插入图

在某次"四个自信"专题学习会上，班级总共 50 人，学生党员 15 人，非党员 35 人，新建一张幻灯片，绘制党员占比的饼状图。新建幻灯片，选择"标题和内容"版式，在标题占位符中输入文字"党员占比"，在"双击以添加文本"框中单击"插入图表"按钮，弹出图 4-27 所示的对话框。选择"饼图"选项中的第一个，单击"确定"按钮，此时会弹出一个 Excel 表格，在对应的表格中输入图 4-28 所示的文字。然后设置图表的样式，单击"图表工具"/"设计"选项卡"图表样式"选项组中的"样式 3"按钮，最终效果如图 4-29 所示。

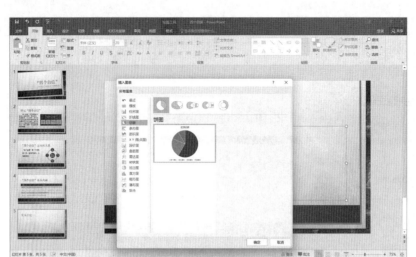

图 4-27　插入图表

图 4-28　编辑图表内容

图 4-29　图表幻灯片效果

4）插入艺术字

新建幻灯片，选择"空白"版式，单击"插入"选项卡"文字"选项组中的"艺术字"下拉按钮，打开其下拉列表框，如图 4-30 所示，选择"填充-深红，着色 1，阴影"，在弹出的文本框中输入"坚定'四个自信'，共同实现中国梦！"，如图 4-31 所示。

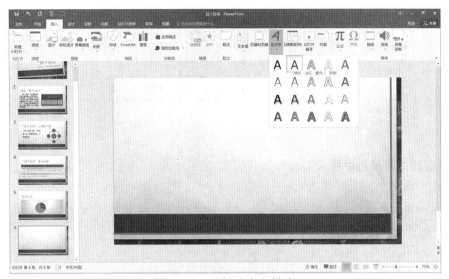

图 4-30　选择艺术字样式

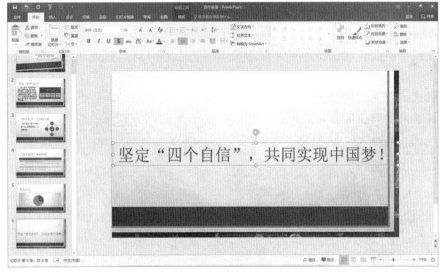

图 4-31　输入文字

选中艺术字，单击"绘图工具"/"格式"选项卡"艺术字样式"选项组"文本效果"下拉列表中的"转换"→"正 V 形"按钮，如图 4-32 所示。

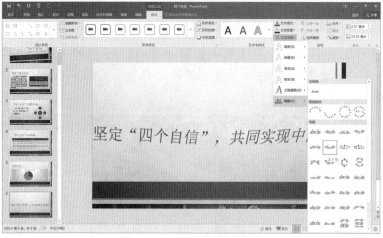

图 4-32　选择艺术字效果

7．在幻灯片母版中插入图片

单击"视图"选项卡"母版视图"选项组中的"幻灯片母版"按钮，如图 4-33 所示。

图 4-33　单击"幻灯片母版"按钮

母版可以控制演示文稿的外观，在母版上进行的设置将应用到基于它的所有幻灯片。改动母版中的文本内容不会影响到基于该母版的幻灯片的相应文本内容，仅仅是影响其外观和格式。默认的幻灯片母版有 5 个占位符，即"标题区""对象区""日期区""页脚区""数字区"，如图 4-34 所示。一般来说，只修改母版上的占位符对象的格式或调整占位符的位置，而不向占位符中添加内容。更改占位符格式的方法和更改普通文字对象的方法相同，选中占位符，修改格式即可。

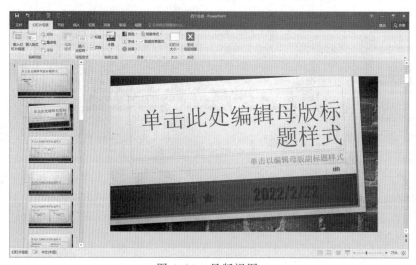

图 4-34　母版视图

在内容幻灯片母版中插入位于"素材"文件夹中的图片文件"自信 logo.jpg",调整大小,并将其置于幻灯片左上角,如图 4-35 所示。

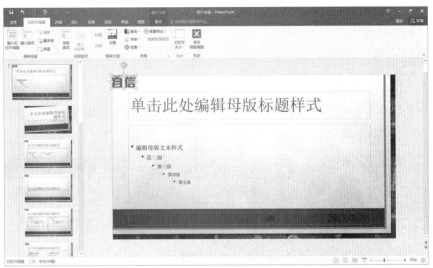

图 4-35　在母版中插入图片

切换视图方式至"普通视图",单击"幻灯片母版"选项卡"关闭"选项组中的"关闭母版视图"按钮。可以看到演示文稿中所有幻灯片的左上角均有自信 Logo 图片,演示文稿效果如图 4-36 所示。

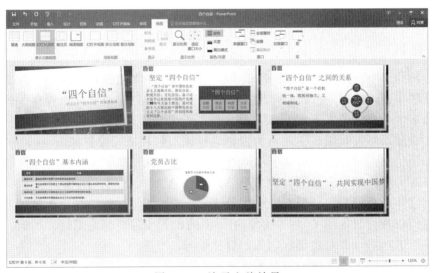

图 4-36　演示文稿效果

实训项目二　制作"毕业论文答辩"演示文稿

【实训目的】

(1)掌握创建各种图形和文字对象的方法。

（2）掌握为演示文稿添加动作的方法。

（3）掌握为演示文稿对象设置动画效果的技巧。

（4）掌握超链接制作的方法。

（5）掌握幻灯片的切换方式。

【实训内容】

创建"毕业论文答辩.pptx"演示文稿并保存在指定文件夹中，按照演示文稿样文创建各种图形和文字对象，在幻灯片中添加动作以及超链接，并为幻灯片中的对象设置动画效果。制作完成的效果如图4-37所示。

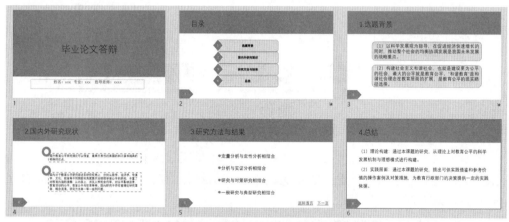

图4-37　毕业论文答辩演示文稿

【实训步骤】

（1）新建"毕业论文答辩.pptx"演示文稿。创建一个空白演示文稿，并单击快速访问工具栏中的"保存"按钮，弹出"另存为"对话框，将演示文稿保存于指定文件夹中，命名为"毕业论文答辩.pptx"。

（2）设置幻灯片母版，主题色为橙色。标题幻灯片格式设置如图4-38所示。设置步骤如下：单击"视图"选项卡"母版视图"选项组中的"幻灯片母版"按钮，在标题幻灯片中插入矩形框并填充为"橙色，个性色2"，右击后，置于底层；把副标题样式的字体颜色设置为"橙色，个性色2"，加粗，然后移动到矩形框的下方。标题和内容幻灯片设置如图4-39所示，矩形框的设置步骤与标题幻灯片类似，在左下角插入一个五边形，并对该形状插入幻灯片编号。

（3）按照样式为第1张幻灯片输入文本。

（4）为第2张幻灯片插入菱形框图，并为形状填充"橙色，个性色2"颜色，形状轮廓设置为"白色"，文本填充为"白色"，在菱形框后添加圆角矩形框，形状填充为"橙色，个性色2，淡色80%"颜色，文本填充为"黑色"，如图4-40所示，在菱形框中插入数字作为目录的内容编号。为避免圆角矩形覆盖菱形，需将菱形上移一层，在矩形框中插入文本内容，效果如图4-41所示。

第 4 章 PowerPoint 2016 演示文稿制作

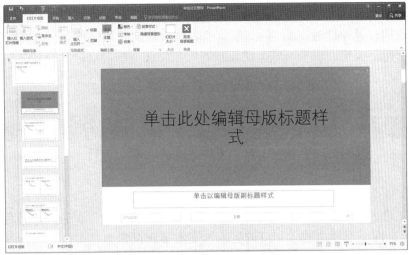

图 4-38 标题幻灯片母版

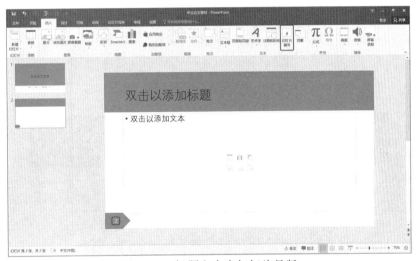

图 4-39 标题和内容幻灯片母版

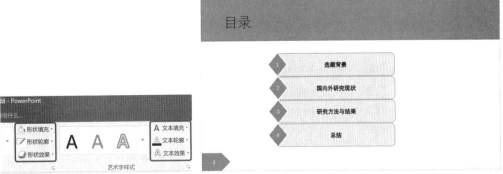

图 4-40 形状填充和形状轮廓设置　　图 4-41 目录幻灯片

（5）为第 2 张幻灯片设置"百叶窗"切换效果。幻灯片切换是幻灯片间的切换动画，可以为单张或多张幻灯片设置整体动画。

单击"切换"选项卡"切换到此幻灯片"选项组中的"百叶窗"按钮,并在"计时"选项组中设置持续时间为 3 s,若需要将这种切换效果应用到全部幻灯片,则单击"全部应用"按钮,切换声音为"无声音"。勾选"单击鼠标时"复选框,将换片方式设置为单击鼠标时换片,如图 4-42 所示。单击"预览"按钮,可以预览所设置的切换效果。

图 4-42　设置"百叶窗"切换效果

(6)在第 3 张幻灯片中插入圆角矩形,形状填充设置为"橙色,个性色 2,淡色 80%"颜色,在矩形框中输入相应的文本,文本填充设置为"黑色",如图 4-43 所示,最终效果如图 4-44 所示。

图 4-43　设置形状和文本样式

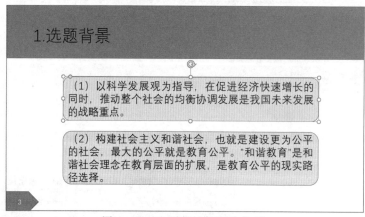

图 4-44　选题背景幻灯片效果

(7)幻灯片内的动画设置。这里设置幻灯片内的动画效果是指为幻灯片内部各个元素设置动画效果,包括项目动画和对象动画,其中,项目动画是针对文本而言的,而对象动画是针对幻灯片中的各种对象而言的,对于一张幻灯片中的多个动画效果还可以设置它们的先后顺序。

① 在第 3 张幻灯片中,选中第一个矩形框对象,单击图 4-45 中的"添加动画"按钮,在下拉列表中选择合适的动画效果,如"强调"→"陀螺旋"效果。这时,设置了动画的对象旁边会出现一个动画标记数字(这个阿拉伯数字代表当前设置的动画在当前幻灯片中播放的次序),在幻灯片右侧的"动画窗格"任务窗格的动画列表区域也会出现该选项。用同样的方式为第二个矩形框对象设置动画效果,如设置为"进

入"→"飞入"效果。

图 4-45 为幻灯片添加动画效果

如果需要调整设置的动画之间的先后顺序，可在动画效果列表中按住鼠标左键不放调整各对象之间的位置关系。

② 在"效果选项"列表中选择每项动画效果，如设置动画的方向效果，单击"动画"选项卡"动画选项"组中的"效果选项"下拉按钮，可打开相应动画的下拉列表，如图 4-46 和图 4-47 所示。可以在"计时"选项组中进行相关时间的设置。

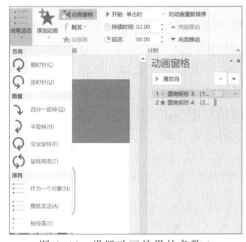   

图 4-46 设置动画效果的参数 1   图 4-47 设置动画效果的参数 2

③ 设置完成后，要查看播放效果，单击"动画窗格"任务窗格中的"播放"按钮即可。

按上述方法为其他幻灯片中各对象设置不同动画效果。

（8）在第 4 张幻灯片中插入两个同心圆，填充颜色为"橙色，个性色 2"；插入两个文本框，输入相应的文本，并将形状轮廓粗细设置为 3 磅，虚线设置为"短划线"，如图 4-48 所示。整体效果如图 4-49 所示。

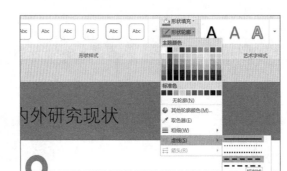

图 4-48　设置文本框形状轮廓

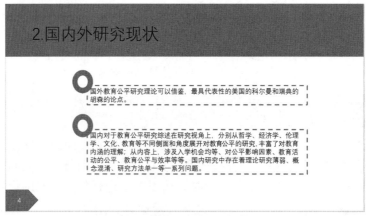

图 4-49　第 4 张幻灯片效果

（9）插入项目符号，使幻灯片更加美观。操作步骤如下：单击"开始"选项卡"段落"选项组"项目符号"下拉列表中的"项目符号和编号"按钮，弹出"项目符号和编号"对话框，选择其中的一种符号，并设置颜色，最后完成设置。此外，也可以设置图片为项目符号，在"项目符号和编号"对话框中单击"图片"按钮，弹出"插入图片"对话框，选择联机图片或者本地图片，再单击"确定"按钮，如图 4-50 所示。最终效果如图 4-51 所示。

图 4-50　"项目符号和编号"对话框

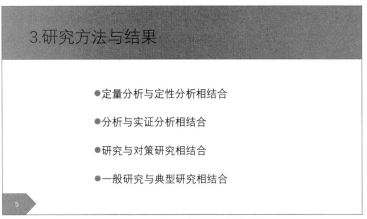

图 4-51 第 5 张幻灯片效果

（10）设置幻灯片间的超链接。使用超链接和动作按钮可增加演示文稿的交互性，从而在放映时可以跳转到指定的幻灯片或指定的文件。

首先，在第 5 张幻灯片右下角插入文本框，输入"返回首页"，选中"返回首页"，单击"插入"选项卡"链接"选项组中的"链接"按钮，弹出"插入超链接"对话框，在左侧选择"本文档中的位置"，在右侧选择"第一张幻灯片"，单击"确定"按钮。如图 4-52 所示，"返回首页"具有了蓝色下划线的样式。超链接还可以设置在图像等文件中。

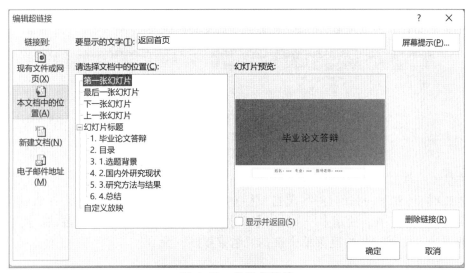

图 4-52 设置超链接

建立好超链接后，如果需要查看超链接的效果，需要在放映状态下使用。当鼠标指针移动到有超链接的文字或对象上时，鼠标指针会变成一只小手的形状，单击即可跳转到链接位置。

（11）设置幻灯片动作按钮。幻灯片中的动作按钮可看作另一种形式的超链接，在幻灯片放映时，单击相应的按钮，即可切换到指定的幻灯片或启动其他应用程序。

在第 5 张幻灯片右下角插入文本框，写上"下一页"，单击"插入"选项卡"链接"选项组中的"动作"按钮,弹出图 4-53 所示的"操作设置"对话框。

图 4-53 "操作设置"对话框

在"单击鼠标时的动作"区域选中"超链接到"单选按钮,并在下拉列表中选择"下一张幻灯片",最后单击"确定"按钮。

(12)幻灯片放映方法。

方法 1:单击"幻灯片放映"选项卡"开始放映幻灯片"选项组中的"从头开始"或"从当前幻灯片开始"按钮,如图 4-54 所示。

图 4-54 设置幻灯片的放映方法

方法 2:单击状态栏中的"幻灯片放映"按钮。

放映时,转到下一张幻灯片:单击鼠标左键,或使用【→】键、【↓】键或【PageDown】键。到上一张幻灯片:使用【←】键、【↑】键或【PageUp】键。取消放映:按【Esc】键,或右击,在弹出的快捷菜单中选择"结束放映"命令。

实训项目三 制作"个人简介"演示文稿

【实训目的】

(1)掌握在演示文稿中插入音频和视频等多媒体文件。

(2)掌握幻灯片背景的设置和添加特殊的背景效果。

(3)能设置幻灯片切换效果、各对象之间的动画效果和幻灯片播放时间,并能设置为自动播放。

第4章 PowerPoint 2016 演示文稿制作

【实训内容】

创建一个"个人简历"演示文稿并保存在指定文件夹中，通过编辑文本、图像、音频和视频，掌握其基本操作技术。制作完成的效果如图4-55所示。

图 4-55　个人简介演示文稿

【实训步骤】

（1）新建演示文稿，命名为"个人简历"。

（2）设置主题。在"设计"选项卡"主题"选项组中选择任一种主题，如"切片"，并写上相应的文字，如图4-56所示。

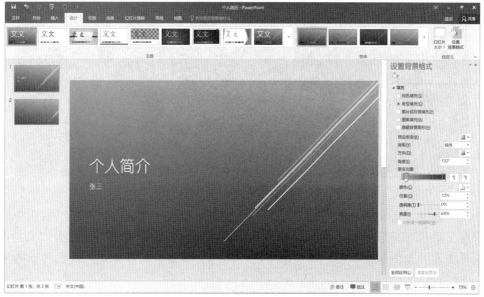

图 4-56　设置"切片"主题

103

（3）设置背景图片，在标题幻灯片工作区的空白处右击，在弹出的快捷菜单中选择"设置背景格式"命令，弹出"设置背景格式"对话框，单击"文件"按钮，在弹出的对话框中选择需要插入的图片，如图 4-57 所示，最后单击"关闭"或"全部应用"按钮。最终效果如图 4-58 所示。

图 4-57　设置背景图片

图 4-58　标题幻灯片效果图

（4）新增一张标题与内容幻灯片，添加文本框和插入图片。文本框填写相应的基本信息，形状填充设置为"白色，文字 1，深色 15%"，文本填充设置为"黑色"。单击"插入"选项卡"插图"选项组中的"图片"按钮，选择要加入的图片，效果如图 4-59 所示。

图 4-59 第 2 张幻灯片效果

（5）插入音频。单击"插入"选项卡"媒体"选项组"音频"下拉列表中的"PC上的音频"按钮，弹出"插入音频"对话框，选择"音频.mp3"文件，如图 4-60 所示。

图 4-60 "插入音频"对话框

单击"插入"按钮即可将音频文件插入到幻灯片中，此时幻灯片中会出现一个小喇叭图标，将代表声音文件的小喇叭图标调整到合适大小并移动到合适位置，如图 4-61 所示。

（6）编辑音频。将音频文件插入幻灯片后，选择声音图标，此时功能区中出现"音频工具"选项卡。在"音频工具"/"格式"选项卡中，可以对音频图标格式进行设置。如图 4-62 所示，设置音频格式的操作与其他普通图片对象的设置相同。

图 4-61　插入声音文件

图 4-62　编辑音频图标

利用"音频工具"/"播放"选项卡，可以对音频文件进行预览、裁剪，以及对其淡入/淡出时间、声音音量、播放方式和是否循环播放等进行设置，如图 4-63 所示。

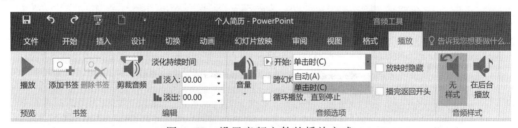

图 4-63　设置音频文件的播放方式

单击"音频工具"/"播放"选项卡"编辑"选项组中的"裁剪音频"按钮，弹出"裁剪音频"对话框，如图 4-64 所示。拖动左右两侧的进度条滑轮，可以裁剪音频文件的开头或结尾部分，或直接输入要裁剪掉的声音的起始时间和结束时间，以精准地裁剪声音。

图 4-64　"裁剪音频"对话框

（7）插入视频。单击"插入"选项卡"媒体剪辑"选项组中的"视频"按钮，弹出"插入视频文件"对话框，选择"视频.mp4"文件，如图 4-65 所示。

图 4-65 "插入视频文件"对话框

（8）编辑视频。与编辑音频文件类似，在视频文件插入到幻灯片并选中后，可以调整视频播放窗口的大小、位置以及设置视频的颜色、亮度、形状、边框等。如图 4-66 所示，将视频播放窗口边框设置为"黄色"，边框粗细为 6 磅。同样也可以用音频文件的方法裁剪视频文件。

图 4-66 视频边框的效果

（9）在第 4 张幻灯片中插入"谢谢观看！"艺术字，颜色为"填充-白色，文本 1，阴影"，文本效果设置为"转换-下弯弧"，如图 4-67 所示。

图 4-67　幻灯片效果

练 习 一

创建一个包含 3 张幻灯片的 PPT 文件，命名为"中国梦.pptx"，完成如下操作：

1. 创建第 1 张幻灯片的版式为"标题幻灯片"，标题为"我的中国梦"并将字体设置为宋体、32 号，加粗。

2. 创建第 2 张幻灯片，版式为"标题和内容"，标题为"中国梦"，字体为黑体、28 号，正文部分加入一段中国梦的基本内涵，不少于 30 个字，并在这张幻灯片中添加声音文件。

3. 创建第 3 张幻灯片，标题为"实现我的中国梦"，并在题目下方插入相关视频文件。

4. 为幻灯片应用任一种主题。

5. 利用母版视图的知识，为每张幻灯片的左上角增加一张中国梦相关的 logo 图片。

练 习 二

创建一个包含 6 张幻灯片的 PPT 文件，命名为"人工智能.pptx"，完成如下操作：

1. 新建第 1 张幻灯片，并将第 1 张幻灯片的版式设置为"标题幻灯片"，添加主标题为"人工智能时代到来了"，副标题内容为你的姓名。其他幻灯片的版式均设为"标题和内容"版式。

2. 第 2 张幻灯片为项目目录幻灯片，标题内容为"目录"，文本内容为后面几张幻片的标题内容。对第 2 张幻灯片中的所有对象设置不同的动画效果，标题对象的动画效果必须是陀螺旋、激光声音，并设置在前一事件 2 s 后启动动画。

3. 创建 3、4、5、6 张幻灯片的标题分别为"概述""产生与发展""应用领域""总结"。

4. 根据第 2 张幻灯片的内容分别与第 3、4、5、6 张幻灯片建立超链接，在第 3、4、5、6 张幻灯片中制作动作按钮，单击动作按钮时返回第 2 张幻灯片。

5. 设置所有幻灯片的切换效果为水平百叶窗、单击鼠标换页、切换声音为鼓掌。

6. 设置所有幻灯片的背景为渐变效果；在每张幻灯片中设置显示编号和页脚内容"人工智能"。

第 5 章

计算机网络与 Internet 技术基础

本章为计算机网络与 Internet 技术基础部分内容，共 4 个实训项目，分别如下：

实训项目一　IP 地址配置与网络共享

实训项目二　常用网络命令的应用

实训项目三　电子邮件的申请与使用

实训项目四　网盘的申请与使用

通过以上上机练习项目，使学生能熟练掌握计算机网络方面的基础知识以及 Internet 中的应用。

实训项目一　IP 地址配置与网络共享

【实训目的】

（1）了解网络环境。

（2）掌握 IP 地址的配置方式。

（3）掌握局域网中资源共享和访问的方法。

（4）创新技术，为国争光：通过对计算机网络发展的概述，介绍当前我军计算机网络技术发展的重大成就，激发学生爱国自豪感和自信心，鼓励学生学好计算机网络技术，不断进行技术创新，为我国计算机技术发展做出贡献。

【实训内容】

（1）设置网络环境。

① 查看网络状态。

② 禁用，启用网络。

③ 查看网卡的连接状况。

（2）配置 TCP/IP 协议。

① 查看 IP 地址信息。

② 配置/修改 IP 地址信息。

（3）访问局域网共享资源。

① 共享服务设置。

② 网络共享访问。

【实训步骤】

1．设置网络环境

（1）查看网络状态。

① 在桌面上右击"Network"图标，在弹出的快捷菜单中选择"属性"命令，打开图 5-1 所示的"网络和共享中心"窗口。

图 5-1　"网络和共享中心"窗口

② 单击"以太网 2"超链接，如图 5-2 所示，弹出图 5-3 所示的对话框。

图 5-2　单击"以太网 2"超链接

③ 在"常规"选项卡中可以查看到上网持续时间为"00：33：14"，速率为"100.0 Mbps"。另外，也可以查看当前计算机的活动状态。发送数据包和接收数据包的情况。

（2）禁用/启用网络。

① 在"以太网 2 状态"对话框中单击"禁用"按钮，可以中断计算机的连接。禁用以后在"网络和共享中心"窗口中看不到"以太网 2"超链接，如果计算机有无线网络，则连接会自动切换到无线网络，否则显示没有连接到任何网络，如图 5-4 所示。

图 5-3 "以太网 2 状态"对话框　　　　　图 5-4 网络禁用状态

② 单击"更改适配器设置"超链接，打开图 5-5 所示的"网络连接"窗口，可以看到以太网 2 显示为灰色图标。

图 5-5 "网络连接"窗口

③ 右击"以太网 2"，在弹出的快捷菜单中选择"启用"命令，可以再次启用网络连接，启用后的"以太网 2"为彩色图标，如图 5-6 所示。

（3）查看网卡的连接状况。

① 在图 5-3 所示的"以太网 2 状态"对话框中单击"属性"按钮，弹出"以太网 2 属性"对话框。

② 单击"配置"按钮，弹出图 5-7 所示的对话框，可以查看网卡类型以及网卡是否正常工作。

图 5-6　启用以太网 2

2．配置 IP 地址

（1）查看 IP 地址信息。查看计算机当前 IP 信息，包括 IP 地址、网关地址、子网掩码。操作如下：

在图 5-3 所示的"以太网 2 状态"对话框中选择"详细信息"选项卡，在弹出的对话框中可以查看 IP 地址信息详细内容及当前计算机的 IP 信息，如图 5-8 所示。

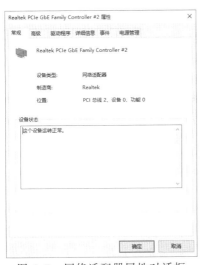

图 5-7　网络适配器属性对话框　　　图 5-8　"网络连接详细信息"对话框

（2）设置/修改静态 IP 地址信息。如果为主机设置静态的 IP 地址或是由于 IP 地址冲突等原因要设置为静态 IP 地址，那么就要对 IP 地址进行设置或修改，本实验就如何进行 IP 地址的设置和修改进行详细讲解。要设置/修改 IP 地址信息为 192.168.2.200，子网掩码为 255.255.255.0，默认网关为 192.168.2.1。DNS 服务器地址为 192.168.1.1。操作步骤如下：

① 在图 5-3 所示的"以太网 2 状态"对话框中单击"属性"按钮，弹出"以太网 2 属性"对话框，如图 5-9 所示。

② 在"网络"选项卡中勾选"Internet 协议版本 4(TCP／IPV4)"复选框，单击"属性"按钮或双击该选项，弹出"Internet 协议版本 4(TCP／IPV4)属性"对话框，如图 5-10 所示。

图 5-9 "以太网 2 属性"对话框　　图 5-10 "Internet 协议版本 4(TCP／IP4)属性"对话框

③ 选中"使用下面的 IP 地址"和"使用下面的 DNS 服务器地址"单选按钮，输入要求设置/修改的 IP 地址信息，如图 5-11 所示。最后单击"确定"按钮即可设置/修改静态 IP 地址。

3．访问局域网共享资源

如果在局域网中有资源（如文档、视频等）要进行共享，则可以通过局域网共享的方式进行简单共享（更多的共享设置可通过高级共享或其他共享软件进行设置）。设置资源共享的过程有两个步骤，首先对要共享的文件进行共享设置，然后其他计算机通过局域网访问共享。接下来以本机共享名称为 share 的文件夹，其他计算机访问该共享文件的操作步骤进行详细描述。

（1）共享服务设置。

① 在 D 盘（或其他盘）新建一个名为 share 的文件夹，然后将要共享的文件放入该文件夹中。

② 选中文件夹 share 并右击，在弹出的快捷菜单中选择"属性"命令，弹出"share 属性"对话框，如图 5-12 所示。

③ 选择"共享"选项卡，如图 5-13 所示，单击"共享"按钮，弹出图 5-14 所示的对话框；单击"共享"按钮进行共享设置，此时系统会进行文件共享设置；等待一段时间之后（根据共享文件的大小需要等待几秒到几分钟不等），弹出图 5-15 所示的对话框，单击"完成"按钮完成共享设置。

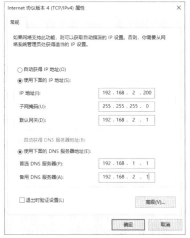

图 5-11 静态 IP 地址的设置/修改

图 5-12 文件属性对话框

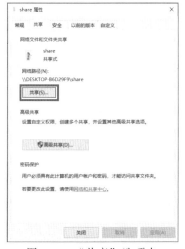

图 5-13 "共享"选项卡

图 5-14 "文件共享"设置

图 5-15 文件共享设置成功

（2）网络共享访问。当局域网中某台计算机共享了文件，其他计算机需要该文件时可以通过网络访问共享文件。访问该共享文件的方法很多，常用方法如下。

方法一：

① 选择"开始"→"运行"命令，弹出"运行"对话框，输入共享文件所在的计算机IP地址（该例子的共享文件放在IP地址为192.168.1.201的计算机上），如图5-16所示。

② 单击"确定"按钮，弹出图5-17所示的对话框，输入共享文件所在的计算机的用户名和密码。

图5-16 "运行"对话框

图5-17 "Windows安全"对话框

③ 输入正确的用户名和密码，单击"确定"按钮，打开图5-18所示的窗口，即可访问该计算机上的共享资源。

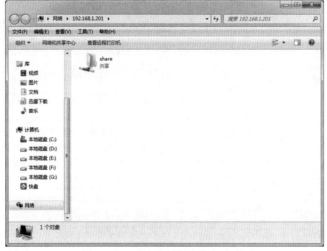

图5-18 访问局域网共享文件

方法二：

双击桌面上的"此电脑"图标，打开图5-19所示的窗口，在地址栏中输入共享文件所在计算机的IP地址，然后按【Enter】键，接下来的操作与方法一的②和③步骤相同。

图5-19 通过地址栏访问共享文件

实训项目二 常用网络命令的应用

【实训目的】

（1）掌握使用 ping 命令，并能使用 ping 命令检查网络故障。
（2）掌握使用 ipconfig 命令查看网络配置。

【实训内容】

（1）ping 命令。
① 验证网卡工作正常与否。
② 验证网络线路正常与否。
③ 验证 DNS 配置正确与否。
（2）ipconfig 命令。
① ipconfig 查看网络基本配置信息。
② ipconfig / all 查看网络详细配置信息。

【实训步骤】

1. ping 命令

ping 用于确定本地主机是否能与另一台主机交换数据报。根据返回的信息即可推断 TCP / IP 参数是否设置正确以及网络运行是否正常。

（1）验证网卡工作正常与否。

① 选择"开始"→"运行"命令（或者直接在"搜索程序和文件"文本框中输入"cmd"），在弹出的"运行"对话框中输入"cmd"，如图 5-20 所示，单击"确定"按钮进入命令行提示符界面，如图 5-21 所示。

图 5-20 "运行"对话框　　　　　　图 5-21 命令行提示符界面

② 在 DOS 提示符后输入 "ping 192.168.1.100(本机 IP 地址)" 后按【Enter】键，若出现图 5-22 所示内容，说明网卡工作正常。若出现图 5-23 所示内容，说明网卡工作不正常。

（2）验证网络线路是否正常。要查看本机到目标计算机的通信连接是否正常，可以通过 ping 对方主机（该实训对方主机的 IP 地址为 192.168.1.200）进行测试验证。操作步骤如下：

① 选择"开始"→"运行"命令，在弹出的"运行"对话框中输入"cmd"，如图 5-20 所示，单击"确定"按钮进入命令提示符界面，如图 5-21 所示。

图 5-22　网卡工作正常

图 5-23　网卡工作不正常

② 在 DOS 提示符后输入"ping 192.168.1.200(目标主机)"后按【Enter】键运行，若出现图 5-24 所示内容,说明本机到目标主机的网络连通。若出现图 5-25 所示内容，说明本机到目标主机的网络不通。

图 5-24　网络连通状态

第 5 章 计算机网络与 Internet 技术基础

图 5-25　网络不通状态

（3）验证 DNS 配置是否正确。

① 选择"开始"→"运行"命令，在弹出的"运行"对话框中输入"cmd"，如图 5-20 所示，单击"确定"按钮进入命令行提示符界面，如图 5-21 所示。

② 在 DOS 提示符后输入"ping www.baidu.com"后按【Enter】键，如果出现图 5-26 所示内容，说明 DNS 服务器配置正确，否则说明 DNS 配置错误。

图 5-26　DNS 配置正确状态

2．ipconfig 命令

ipconfig 是内置于 Windows 的 TCP/IP 应用程序，用于显示本地计算机网络适配器的物理地址和 IP 地址等配置信息。这些信息一般用来查看本机的网络配置信息及检验手动配置的 TCP/IP 设置是否正确。当在网络中使用 DHCP 服务时，ipconfig 可以查看计算机分配到了哪个 IP 地址，配置是否正确，并且可以释放、重新获取 IP 地址。这些信息对于网络测试和故障排除都有重要的作用。

（1）ipconfig 查看网络基本配置信息。

① 选择"开始"→"运行"命令，在弹出的"运行"对话框中输入"cmd"（见图 5-20），单击"确定"按钮进入命令行提示符界面（见图 5-21）。

② 在 DOS 提示符下输入"ipconfig"后按【Enter】键，可以显示当前计算机基

本的 IP 地址配置信息，如图 5-27 所示。可以看出 IP 地址为 192.168.2.139，子网掩码为 255.255.255.0，网关为 192.168.2.1。

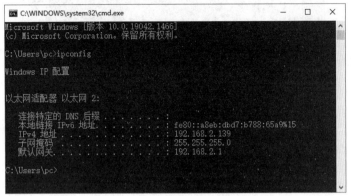

图 5-27 主机基本配置信息

（2）ipconfig/all 查看网络详细配置信息。

① 选择"开始"→"运行"命令，在弹出的"运行"对话框中输入"cmd"（见图 5-20），单击"确定"按钮进入命令行提示符界面（见图 5-21）。

② 在 DOS 提示符下输入"ipconfig/all"后按【Enter】键，将显示所有接口的详细网络配置信息，如图 5-28 所示，包括物理地址、IP 地址、网关等信息。

图 5-28 主机详细的网络配置信息

实训项目三　电子邮件的申请与使用

【实训目的】

（1）掌握电子邮箱的申请方法。
（2）使用电子邮箱收发邮件。
（3）对电子邮件进行管理。

【实训内容】

(1) 申请 163 免费邮箱。
(2) 使用 163 免费邮箱。
① 登录邮箱。
② 查看邮件。
③ 发送带附件的邮件。
④ 保存草稿。

【实训步骤】

(1) 申请 163 免费邮箱。

① 在 IE 浏览器的地址栏中输入 "www.163.com" 并按【Enter】键，打开 163 免费邮箱首页。

② 在 163 免费邮箱首页单击 "注册免费邮箱" 按钮，如图 5-29 所示，进入 163 免费邮箱注册页面，如图 5-30 所示。

图 5-29　163 邮箱首页

图 5-30　163 免费邮箱注册页面

③ 填写需要使用 163 免费邮箱的 "邮件地址" "密码" "验证码"（163 免费邮箱要求所有邮件地址为 6~18 个字符，可使用字母、数字、下划线，需要以字母开头；密码的长度也有要求，8~16 个字符，需包含大、小写字母和数字，如图 5-30 所示）；如果邮件地址已存在，则会提示该邮件地址已被注册，需要更换一个邮件地址，直到不再重名。手机号码不能为空，需填写正确的手机号；当所有信息正确填写好之后显示如图 5-31 所示。

④ 短信验证，使用手机微信或者摄像头扫描注册页面中的二维码，如图 5-31 所示，编辑短信发送至对应的收件人，如图 5-32 所示。发送完验证短信之后，单击"立即注册"按钮，弹出图 5-33 所示的注册成功页面。

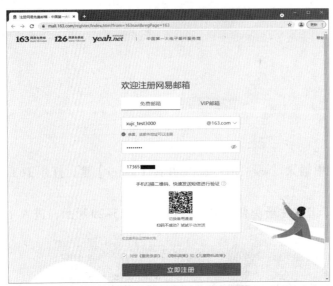

图 5-31　正确填空注册信息页面　　　　　图 5-32　短信验证界面

图 5-33　注册成功页面

⑤ 在注册成功页面单击"进入邮箱"按钮，直接进入邮箱页面，如图 5-34 所示。至此，邮箱申请完成。

（2）使用 163 免费邮箱。

① 登录邮箱。

图 5-34　进入电子邮箱页面

a. 重新打开 IE 浏览器，在 IE 浏览器的地址栏中输入"www.163.com"并按【Enter】键，打开 163 免费邮箱首页，如图 5-35 所示，鼠标移动到"登录"按钮上面，自动显示下拉登录界面；或者直接在浏览器地址栏中输入"mail.163.com"进入图 5-36 所示的登录页面。

图 5-35　邮箱开始界面

图 5-36　邮箱登录界面

b. 输入正确的用户名和密码，单击"登录"按钮，即可进入邮箱，如图 5-34 所示。

② 查看邮件。

a. 在收件箱中可以看到有一封未读邮件，这是试验测试邮件，如图 5-37 所示。

图 5-37 "未读邮件"界面

b. 单击"收件箱"或"未读邮件"按钮，进入收件箱页面，如图 5-38 所示。

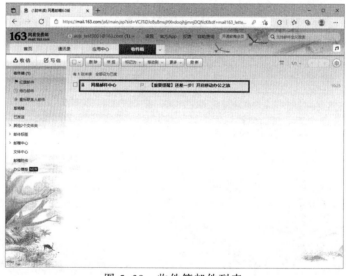

图 5-38 收件箱邮件列表

c. 单击需要阅读的电子邮件主题链接，在新网页中打开该电子邮件，如图 5-39 所示。

（3）发送带附件的邮件。

① 在邮件首页单击"写信"按钮，打开"写信"界面，如图 5-40 所示。

第5章 计算机网络与Internet技术基础

图 5-39 阅读邮件界面

图 5-40 "写信"界面

② 在"收件人"栏中输入收件人地址,如果有多个收件人,中间用","隔开。也可以通过通信录添加收件人。

③ 在"主题"栏中输入邮件主题,如"第 5 章计算机网络与 Internet 技术基础"。

④ 在正文区域输入信件内容,可以使用工具栏按钮对正文的字体进行美化,也可以在邮件中使用信纸、插入图片等。

⑤ 单击"添加附件"超链接,弹出图 5-41 所示的对话框,选择需要作为附件发送的邮件,单击"打开"按钮,添加附件完成。如果要添加多个附件,重复单击"添加附件"超链接。如果要删除添加的附件,单击"附件"文件名称后的"删除"超链接即可,如图 5-42 所示。

图 5-41 "选择要加载的文件"对话框

图 5-42 附件的添加与删除

⑥ 邮件完成后，单击"发送"按钮，弹出发送成功的提示，如图 5-43 所示。单击左侧"已发送"超链接，可以看到已发送的邮件，如图 5-44 所示。

图 5-43 发送成功提示网页

第 5 章　计算机网络与 Internet 技术基础

图 5-44　已发送邮件查看

（4）保存草稿。如果网络不稳定，在编写邮件时需要及时保存邮件编辑状态，可以使用"存草稿"按钮把目前邮件的编辑状态保存起来，如图 5-45 所示。

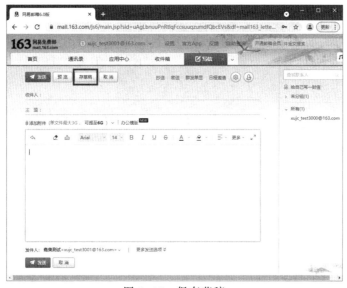

图 5-45　保存草稿

实训项目四　网盘的申请与使用

【实训目的】

（1）掌握网盘的申请方法。
（2）掌握网盘的使用方法。
（3）对网盘文件进行管理。

【实训内容】

（1）申请百度网盘。

（2）使用百度网盘。
① 图片的保存。
② 资源的共享。

【实训步骤】

（1）申请百度网盘。

① 在 IE 或 chrome 浏览器的地址栏中输入"http://pan.baidu.com"并按【Enter】键，打开百度网盘登录/申请首页。

② 要使用百度网盘需要注册一个百度账号，在图 5-46 所示的登录/注册首页单击"立即注册"按钮进入注册页面，如图 5-47 所示。

图 5-46　网盘账号申请首页

图 5-47　网盘账号注册界面

③ 填写用户名/手机号和密码等信息，点击获取验证码，手机会收到百度发来的一条验证码信息。填写完验证码后单击"注册"按钮，跳转到图 5-48 所示百度网盘

首页。

（2）使用百度网盘。登录网盘后，可以在首页看到网盘已经创建了几种常用的文件类型的目标，如图片、文档、视频等，接下来就可以将本地的这些文件保存到网盘中去。

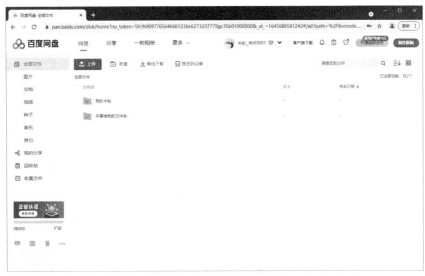

图 5-48　百度网盘首页

① 文件的保存。

a. 单击图 5-48 左上角的"上传"按钮，可以看到"上传文件"和"上传文件夹"两个按钮，如图 5-49 所示；单击"上传文件"按钮，弹出图 5-50 所示对话框。

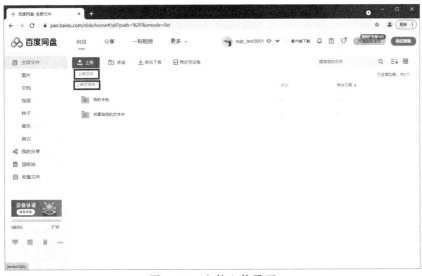

图 5-49　文件上传界面

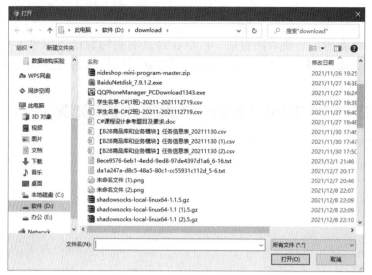

图 5-50 "打开"对话框

b. 选择要上传的文件之后,单击"打开"按钮,文件即开始上传,上传完成后如图 5-51 所示。

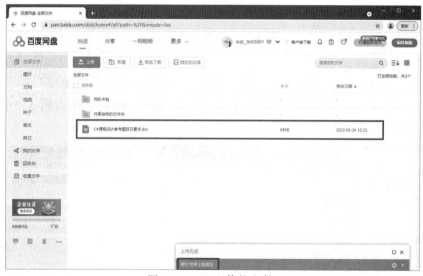

图 5-51 已上传的文件

c. 如果要对文件进行移动或删除等操作,可以选择文件并右击,在弹出的快捷菜单中选择"删除"命令,如图 5-52 所示。

② 资源的分享。如果网盘中的资源要进行分享,可以生成一个超链接,方便共享给其他人,同时还可以进行共享控制。

a. 选择要分享的资源,右击后在弹出的快捷菜单中选择"分享"命令,弹出图 5-53 所示的界面。

第 5 章 计算机网络与 Internet 技术基础

图 5-52　文件的选择与删除操作

图 5-53　分享文件的界面

b. 根据需要勾选"分享链接自动填充提取码"复选框。单击"创建"按钮，弹出图 5-54 所示界面。

图 5-54　创建公开链接的界面

c. 单击"复制链接及提取码"按钮，将该链接发送给需要分享的用户，其他用户只要在浏览器中输入该链接，再填充提取码即可打开该分享资源和使用该分享资源，如图 5-55 所示。

图 5-55　打开分享链接

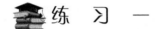

网络常用命令的使用，完成如下操作：

使用 ping 命令验证网卡是否正常工作。

1. 选择"开始"→"程序"→"MS-DOS 方式"命令。

2. 在 DOS 提示符后输入"ping　本机 IP 地址"后按【Enter】键，若请求超时说明网卡工作不正常。

练　习　二

电子邮箱的申请与使用，完成如下操作：

1. 在 http://www.sina.com.cn 或其他网站申请 E-mail 信箱。

2. 通过 IE 浏览器给老师发送一封电子邮件，同时将邮件抄送给自己。邮件标题包括学号、姓名等；内容可以是任何关于课程学习的问题、建议；在附件中附上一张图片。

3. 登录个人邮箱查看信箱中收到的邮件。

第6章
计算机信息安全

本章为计算机信息安全实训内容,共两个实训项目,分别如下:
实训项目一 Windows 防火墙设置
实训项目二 360 安全卫士使用
通过以上上机练习项目,使学生能熟练掌握计算机信息安全的基础防范以及 360 安全卫士软件的使用。

实训项目一 Windows 防火墙设置

【实训目的】

掌握防火墙的开启过程。

【实训内容】

防火墙的开启,是否允许程序通过防火墙。

【实训步骤】

1. 启用 Windows 防火墙

在系统开始菜单中单击"Windows 安全中心",然后选择"防火墙和网络保护",在右侧分别单击"域网络""专用网络""公用网络"在弹出的窗口中,单击单选按钮,启用和关闭相应的防火墙,如图 6-1 所示。在默认情况下,防火墙都是启用的。

2. 设置是否允许程序通过 Windows 防火墙

在"防火墙和网络保护"窗口中,单击"允许应用通过防火墙"超链接,打开"允许的应用"窗口,选择允许通过防火墙的程序和功能,如图 6-2 所示。也可以单击"更改设置"按钮,添加新的应用,进行防火墙的设置。

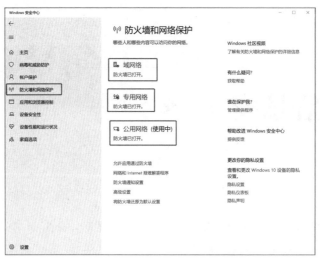

图 6-1 启用防火墙

图 6-2 设置是否允许程序通过 Windows 防火墙

实训项目二 360 安全卫士使用

【实训目的】

掌握 360 安全卫士的基本使用。

【实训内容】

360 安全卫士电脑体检、病毒扫描、优化加速、电脑清理。

【实训步骤】

（1）启动 360 安全卫士（360 Total Security 10.0.8 免费版），单击左侧的"电脑体检"按钮，检查电脑的安全及性能问题，当检测出有问题需要修复时，可单击"立即修复"按钮，如图 6-3 和图 6-4 所示。

图 6-3 单击"电脑体检"按钮

图 6-4 单击"立即修复"按钮

（2）启动 360 安全卫士，单击"病毒扫描"按钮，可以及时发现并处理安全威胁。单击"快速扫描"按钮，可选择快速、全盘或自定义扫描，如图 6-5 所示。

图 6-5 单击"病毒扫描"按钮

（3）启动 360 安全卫士，单击"优化加速"按钮，可以优化系统设置并停用无用的开机程序,如图 6-6 所示。

图 6-6　单击"优化加速"按钮

(4)启动 360 安全卫士,单击"电脑清理"按钮,可以一键清理插件和垃圾文件,如图 6-7 所示。

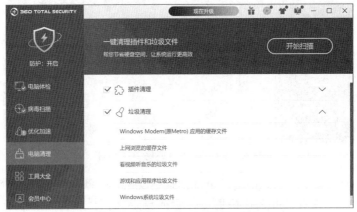

图 6-7　单击"电脑清理"按钮

(5)单击"工具大全"按钮,可以下载免费的系统急救箱,针对顽固的病毒和恶性木马,也可以使用 USB 数据线连接手机和电脑端,以便进行手机专杀。

第 7 章

多媒体技术

本章为多媒体技术实训部分内容,共 3 个实训项目,分别如下:
实训项目一 "画图"工具的使用
实训项目二 视频编辑器的使用方法
实训项目三 文件的压缩和解压缩
通过以上上机练习项目,使学生能熟练掌握图片的编辑、视频的编辑、文件的压缩和解压缩等技术。

实训项目一 "画图"工具的使用

【实训目的】

(1)掌握画图工具的主要功能。
(2)能够使用"画图"软件进行屏幕截图、图像的查看和基本的编辑处理以及简单的绘图操作。

【实训内容】

(1)图像的基本处理。
(2)简单的绘图。
(3)屏幕截图。

【实训步骤】

首先打开 Windows 自带的"画图"程序。选择"开始"→"所有程序"→"Windows 附件"→"画图"命令即可,其次,也可以按【Windows+R】组合键,弹出"运行"对话框,输入 mspaint 命令,单击"确定"按钮,即可调出,最后,也可单击底部的"搜索"标志,输入"画图",选择"打开",即可打开"画图"软件,如图 7-1 所示。其主界面如图 7-2 所示。

1. 图像的基本处理

(1)打开一张图片:单击窗口左上角的"画图"按钮,选择"打开"命令,如图 7-3 所示,弹出"打开"对话框,如图 7-4 所示;选择图片所在的路径,并选中要处理的图片,单击"打开"按钮即可,如图7-5所示。

图7-1 选择"画图"命令

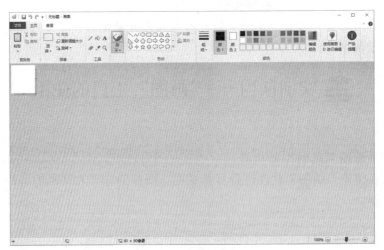

图7-2 "画图"主界面

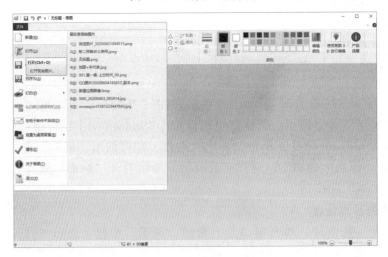

图7-3 选择"打开"命令

第7章 多媒体技术

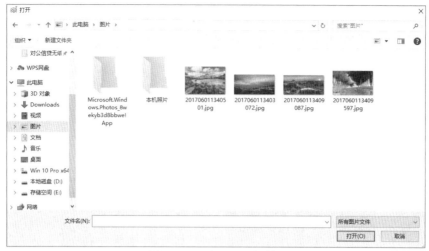

图 7-4 "打开"对话框

图 7-5 打开的图片

（2）图片的裁剪：单击"主页"选项卡"图像"选项组中的"选择"按钮，在图片编辑区拉出虚线框，将要选取的部分包含在虚线框内，如图 7-6 所示。单击"裁剪"按钮，即得到想要裁剪的部分，如图 7-7 所示。若不满意当前效果，可按【Ctrl+Z】组合键返回，重复前面的步骤，最后保存图像即可。

图 7-6 选择裁剪区域

图 7-7 裁剪后的图片效果

(3)添加文字:打开要编辑的图片,单击"主页"选项卡"工具"选项组中的"文本"按钮,如图 7-8 所示。在图片上拉出文字输入框,输入文字,设置文字的颜色、字体、大小(见图 7-9),通过切换透明、不透明按钮可以对文字背景进行设置,输入完毕之后保存即可。

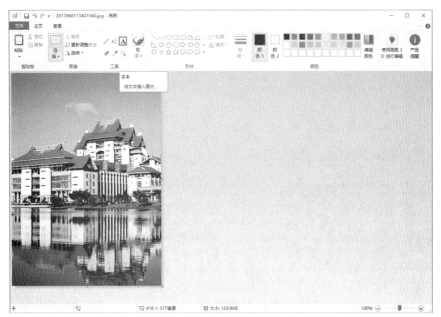

图 7-8　单击"文本"按钮

图 7-9　加上文字后的图片效果

（4）调整大小：如果对图片的大小有特定的要求，可以单击"主页"选项卡"图像"选项组中的"重新调整大小"按钮，弹出"调整大小和扭曲"对话框，可对图像按百分比或像素进行等比例或不等比例调整，调整完成后，单击"确定"按钮，如图 7-10 所示。

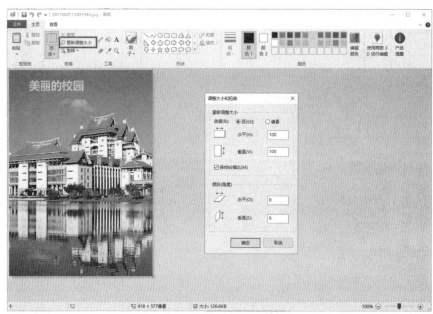

图 7-10　调整图片大小

（5）格式转换：打开要编辑的图片，单击左上角的"画图"按钮，在下拉菜单中选择"另存为"命令（见图 7-11），在弹出的子菜单中可以选择要保存的格式（如 PNG、JPEG 等）。在弹出的对话框中选择保存的路径，输入图片名称，单击"保存"按钮即可，如图 7-12 所示。

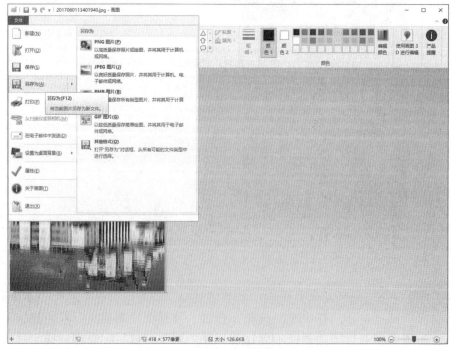

图 7-11　选择图片要转换的格式

图 7-12 "保存为"对话框

(6)图片旋转:打开要处理的图片,单击"主页"选项卡"图像"选项组中的"旋转"下拉按钮,会出现 5 种旋转方式,选择一种即可实现整张图片的旋转,如图 7-13 所示。

图 7-13 图片的旋转

"画图"还提供对图片中的部分进行旋转的功能。先单击"主页"选项卡"图像"选项组中的"选择"按钮,选取要旋转的部分,再通过"旋转"功能实现部分旋转,如图 7-14 所示。

图 7-14 部分图片旋转后的效果

2．绘制图形

通过绘制一条小鱼，学习在"画图"软件中绘制图形。

在"主页"选项卡"形状"选项组中选择"圆形工具"，在画布上先画一个椭圆，如图 7-15 所示。椭圆内部用直线工具画一个三角形，作为鱼的嘴；用橡皮擦除多余的部分；嘴巴上方用圆形画眼睛，用曲线画头部的分界线；用"椭圆工具"画两个鳍，尾巴可以直接用铅笔工具画出；用铅笔工具画出顶部的背鳍，用"圆形工具"画眼球；最后用填充工具填充喜爱的颜色即可，如图 7-16 所示。

图 7-15 小鱼的绘制过程

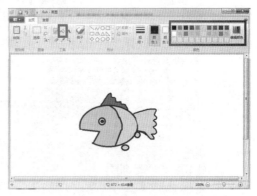

图 7-16 图形最终效果

3．屏幕截图

"画图"最常用的功能是配合键盘上的截图抓屏键保存当时的屏幕显示。将截屏图片在"画图"中打开，通过各种处理后，可以直接保存，也可以复制到其他文档或者软件中进行显示。

1）全屏截图

按【Pr Scrn】键保存当前整个屏幕画面，如图 7-17 所示，还可以根据需要对截取的屏幕画面进行裁剪、标注等功能。

图 7-17　全屏截图效果

2）当前活动窗口截屏

按【Alt+Pr Scrn】组合键抓取当前活动窗口区域，如图 7-18 所示。当前活动窗口是指现在所操作的界面，如现在正在聊天，按【Alt+Pr Scrn】组合键即可将聊天框界面截图。

图 7-18　活动窗口截屏

实训项目二　视频编辑器的使用方法

【实训目的】

（1）掌握 Windows 10 系统自带"视频编辑器"的基本功能。

（2）会对视频进行简单的编辑。

【实训内容】

（1）导入视频。

（2）编辑视频。

【实训步骤】

选择"开始"→"视频编辑器"命令，打开视频编辑器软件，如图7-19所示。

图7-19　选择"视频编辑器"命令

准备好相关的图片、视频等素材后，把它们导入视频编辑器中。打开视频编辑器后，新建一个视频项目，在项目库中单击"添加"按钮，如图7-20所示。

图7-20　单击项目库中的"添加"按钮

选择要导入的视频、图片或音乐,单击"打开"按钮。也可以直接把要导入的素材拖到"视频编辑器"中,如图7-21所示。

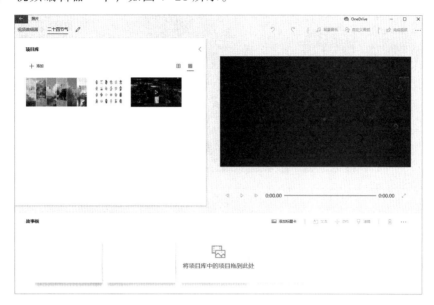

图 7-21　导入素材

1. 图片处理

将视频制作需要的素材拖到故事板中,如图7-22所示。

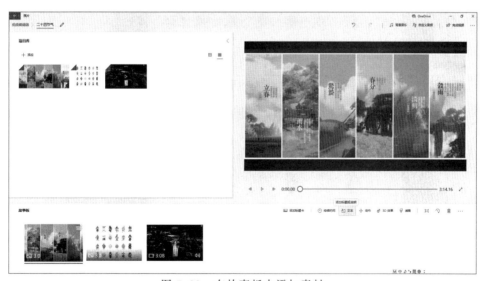

图 7-22　在故事板中添加素材

选中要处理的图片和要进行的操作即可进入图片处理界面。界面顶部列出了图片可以进行的操作,通过选择不同的功能为图片添加各种效果。

(1) 添加文本,如图7-23所示。

(2) 为图片添加动作,如图7-24所示。

图 7-23　为图片添加文本

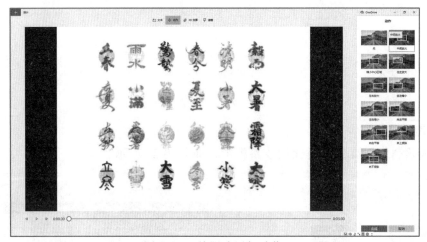

图 7-24　给图片添加动作

（3）为图片添加 3D 效果，如图 7-25 所示。

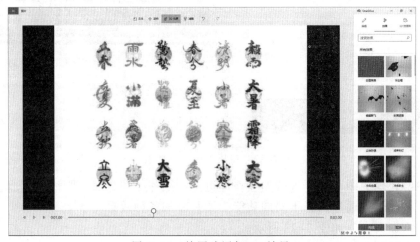

图 7-25　给图片添加 3D 效果

还可以为图片添加滤镜。

2．视频操作

选择要处理的视频和对应的操作即可进入视频处理界面。从界面顶端可以看到视频处理可以进行的五种操作。包括给视频添加文本、动作、3D 效果、滤镜等，以上这些操作是图片处理和视频处理共有的，视频剪辑和拆分是视频处理独有的。

（1）视频处理：视频剪辑可以通过视频下面的进度条进行剪辑，可以选取长度并进行剪辑，如图 7-26 所示。

图 7-26　视频剪裁

（2）视频滤镜：滤镜功能可以为视频添加各种滤镜效果，如图 7-27 所示。

图 7-27　为视频添加滤镜

（3）视频拆分：拆分功能可以为视频进行拆分，可以将视频拆分成多个部分，并进行重组或者删除，可以通过视频下端的时间进度条选取拆分的区域，如图 7-28 所示。

图 7-28 拆分视频

3．添加音频

在编辑主界面右上角选择添加音频功能，其中可以添加软件自带的音频，也可以添加自定义的音频。进入音频设置界面后，选择添加音频按键，选择文件目录和选定的音频文件即可添加音频到视频中，如图 7-29 所示。

图 7-29 添加音频

添加音频后，可以通过界面下方的时间进度条设置音频播放的区间，如图 7-30 所示。

图 7-30　音频设置

4．保存视频文件

单击视频编辑界面右上角"完成视频",可以将制作好的视频保存到指定目录,同时可以根据需要选择视频的质量进行保存,如图 7-31 所示。

图 7-31　保存处理完的视频

实训项目三　文件的压缩和解压缩

【实训目的】

（1）利用 WinRAR 软件对文件进行压缩。
（2）利用 WinRAR 软件释放压缩文件。

【实训内容】

压缩 ZIP 和 RAR 格式的文件。对压缩文件进行解压释放等。

【实训步骤】

1．压缩文件

（1）压缩一个文件，得到与文件名相同的压缩文件。

安装 WinRAR 软件后，当用户在文件（A.docx）或文件夹上右击时，就会在快捷菜单中看见图 7-32 所示的内容。

图 7-32　压缩文件快捷菜单

选择"添加到 A.rar"命令即可完成压缩，并生成 A.rar 压缩文件。

（2）压缩一个文件，得到与文件名不同的压缩文件。

在文件（A.docx）或文件夹上右击，在弹出的快捷菜单中选择"添加到压缩文件"命令，弹出图 7-33 所示的"压缩文件名和参数"对话框，在"常规"选项卡的"压缩文件名"文本框中输入压缩文件名（如 AA.rar），单击"确定"按钮即可生成 AA.rar 压缩文件。

2．带密码压缩

如果压缩时设置了密码，则解压缩时也应提供相应的密码才能解开文件。

选择要压缩的文件或文件夹并右击，在弹出的快捷菜单中选择"添加到压缩文件"命令，弹出"压缩文件名和参数"对话框；单击"常规"选项卡中的"设置密码"按钮，如图 7-34 所示。

在弹出的对话框中输入密码，并再次确认密码，单击"确定"按钮即可，如图 7-35 所示。

图 7-33 "压缩文件名和参数"对话框

图 7-34 单击"设置密码"按钮

3．释放压缩文件

释放压缩文件又称解压缩。

右击需要解压的压缩文件，在弹出的快捷菜单中选择"解压到当前文件夹"命令即可将其进行解压缩，并将解压后的文件存放到压缩文件所在的文件夹中。

如需要将解压缩文件存放到与压缩文件不同的文件夹时，右击需要解压的压缩文件，在弹出的快捷菜单中选择"解压文件"命令，弹出"解压路径和选项"对话框，如图 7-36 所示，输入解压文件存放的路径，单击"确定"按钮即可。

图 7-35 "输入密码"对话框

图 7-36 "解压路径和选项"对话框

参 考 文 献

[1] 《大学计算机基础》编写组. 大学计算机基础[M]. 2版. 北京：中国铁道出版社，2019.
[2] 佛罗赞. 计算机科学导论（第4版）[M]. 吕云翔，等译. 北京：机械工业出版社，2020.
[3] 帕森斯，奥贾. 计算机文化（第15版）[M]. 吕云翔，等译. 北京：机械工业出版社，2014.
[4] 布鲁克希尔. 计算机科学概论.（第10版）（英文版）[M]. 北京：人民邮电出版社，2009.
[5] 贾如春，李代席，赵晓波. 计算机应用基础项目实用教程：Windows 10+Office 2016[M]. 北京：清华大学出版社，2018.
[6] 方志军. 计算机导论[M]. 3版. 北京：中国铁道出版社，2017.